国家中等职业教育改革发展示范校建设项目成果教材

SHIPINJIANYANZHUANYE

食品检验专业

食品微生物检验

SHIPIN WEISHENGWU JIANYAN

张磊 李奇 主编

中国劳动社会保障出版社

简介

本书为国家中等职业教育改革发展示范校建设项目成果教材，可供中等职业技术学校食品检验专业使用，主要内容包括微生物形态观察及显微镜计数，微生物培养基的制作及灭菌技术，微生物接种、分离纯化及菌种保藏，微生物检验样品的采集与处理，食品中微生物的检验等。

图书在版编目(CIP)数据

食品微生物检验/张磊，李奇主编. —北京：中国劳动社会保障出版社，2013
国家中等职业教育改革发展示范校建设项目成果教材. 食品检验专业
ISBN 978-7-5167-0439-4

Ⅰ.①食… Ⅱ.①张…②李… Ⅲ.①食品微生物-食品检验-中等专业学校-教材 Ⅳ.①TS207.4

中国版本图书馆 CIP 数据核字(2013)第 144669 号

中国劳动社会保障出版社出版发行
（北京市惠新东街 1 号 邮政编码：100029）
出 版 人：张梦欣
*
北京市艺辉印刷有限公司印刷装订 新华书店经销
787 毫米×1092 毫米 16 开本 14.75 印张 270 千字
2013 年 7 月第 1 版 2025 年 7 月第 8 次印刷
定价：37.00 元

营销中心电话：400-606-6496
出版社网址：http://www.class.com.cn
http://jg.class.com.cn

序

作为国家第一批中等职业教育改革发展示范学校，北京一轻高级技术学校开发设计了一批对接产业结构调整升级要求，反映新知识、新工艺、新材料、新技能，符合技术技能型人才成长规律的发展改革示范教材。

职业教育承担着帮助学生构建起专业理论知识体系、专业技术框架体系和相应职业活动逻辑体系的任务，而这三个体系的构建需要通过专业教材体系和专业教材内部结构得以实现。为此，在开发设计时，依据教材在构建知识、技术、活动三个体系中的作用，不同课程的教材采用了不同的内部结构设计和编写体例。

承担专业理论知识体系构建任务的教材，例如《食品检验技术基础》强调了专业理论知识体系的完整性与系统性，不强调专业理论知识的深度和难度，注重培养学生对专业理论知识整体框架的把握和应用能力。

承担专业技术框架体系构建任务的教材，例如《电工电子技术应用》强调学生对专业技术整体框架的把握，培养学生对新技术的学习能力，注重让学生在技术应用过程中提高实际操作的能力，同时培养学生职业活动过程中的技术比较与选择能力。

承担职业活动逻辑体系构建任务的教材，依据不同职业活动对从业人员应有特质的要求，分别采用了过程驱动、情景驱动的方式，形成了“做中学”的结构与体例。例如《常用机床及起重机电气维修》等技术类专业教材，采用过程驱动的教材结构，反映了技术职业活动的过程导向特点。这对于培养从事制造业等技术技能型人才过程导向的思维方式、行为的标准规范、准确的技术语言，特别是对尊重工艺规范和追求标准与精度价值的敏感特质的形成，将是十分有效的。《物流客户服务》等服务类专业教材，采用情景驱动的教材结构，反映了服务职业活动的情景导向特点。这对于培养从事现代服务业技能型人才的个性化服务理念、规范而又不失灵活的行为方式、富有情感的语言和交往沟通能力，将起到积极的促进作用。

在教学目标的确定以及教材内容、结构、素材的设计和选择上，教材还充分利用课程标准与国家职业资格标准、课程内容与典型职业活动、教学过程与职业活动逻辑、教材素材与职业活动案例的对接，力图实现工学结合。因此，这批教材不但符合我国经济发展方式转变、产业结构调整升级的新形势，而且十分适合“做中学、学中做”的教学方法，有利于学生职业素质和职业能力的形成。

2013 年 6 月

国家中等职业教育改革发展示范校建设项目成果教材
食品检验专业编委会

本书主编　张　磊　李　奇

前言

为落实教育部、人力资源和社会保障部、财政部《关于实施国家中等职业教育改革发展示范学校建设计划的意见》文件精神，对接本地产业结构升级调整要求，大力推进职业院校课程体系改革，增强技能人才培养的针对性与适应性，我们组织多年从事食品检验专业教学的骨干教师和企业专家，在充分调研企业岗位要求和学校教学需求的基础上，开发编写了这套食品检验专业改革教材，包括《食品检验技术基础》《食品感官检验》《食品微生物检验》《食品营养素检测》《食品快速检测》和《食品安全检测》。

本套教材开发工作的重点有以下几个方面：

第一，根据食品检验岗位真实的工作任务设置学习情境。首先以典型性、实践性、职业性、先进性为原则选取工作任务，在此基础上，对其进行转化、补充，并结合相关理论知识，使之成为学习任务，同时融入职业素质内容，使学生在掌握理论知识、专业技能的同时，逐步形成和提高个人职业素养。

第二，根据学生的认知规律和职业能力形成规律组织教材内容，创新编写模式。以食品检验岗位需要的能力为主线，由简单到复杂，由单项到综合安排学习任务。学生通过完成不同的任务，掌握食品分析与检测全过程的工作技能，实现职业能力的提高。

第三，根据食品检验岗位的实际需要和《国家职业标准·食品检验工（中级）》对知识和技能的要求，同时依据现行食品安全国家标准设计学习任务的实施过程，使学生在完成食品分析与检测任务的过程中掌握相关知识和分析方法，并提高对国标方法的解读能力和执行能力。

第四，根据学生的学习特点确定教材的呈现形式。注重利用图表、现场照片和实物照片辅助讲解知识点和技能点，突出教材的直观性，以激发学生的学习兴趣。

本套教材的编写得到了北京市人力资源和社会保障局职业技能开发研究室、北京市食品安全监控中心、北京市食品及酿酒产品质量监督检验一站、北京市燕京啤酒股份有限公司、北京义利面包食品有限责任公司、北京龙徽酿酒有限责任公司、北京红星股份有限公司和北京家乐福超市双井店等单位的大力支持，在此表示诚挚的谢意！

由于时间和编者水平有限，书中不妥之处在所难免，恳请读者批评指正。

食品检验专业编委会

2013 年 7 月

目录 CONTENTS

前导知识

一、微生物的概念及分类

在自然界中，除了肉眼可见的动物、植物等高等生物外，还存在着一个微观世界——微生物世界，它们形体微小、结构简单、数量庞大、种类繁多，与人类关系密切。微生物是指一类个体微小、结构简单、肉眼观察不到，必须借助显微镜才能观察到的一类微小生物的统称。但也有例外，有些微生物如大型真菌是肉眼可见的。

微生物群体非常庞杂，种类繁多，包括细胞型和非细胞型两大类。

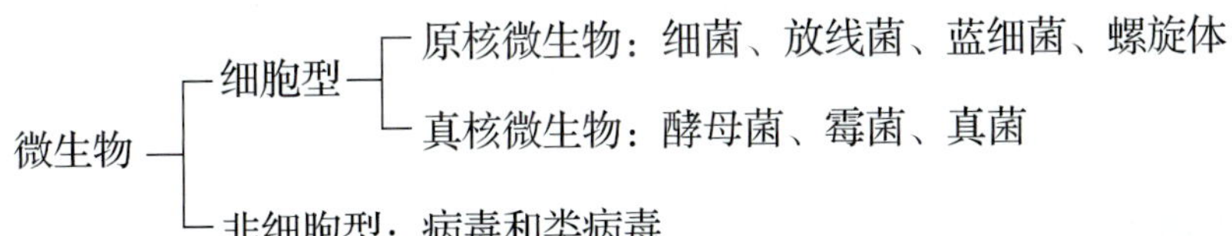

细胞型微生物是指一类具有细胞形态的微生物。按细胞结构不同，又可分为原核微生物和真核微生物。

原核微生物的细胞核分化程度较低，主要特点是细胞内有明显的核区，但没有核膜包围；核区内含有一条双链 DNA 构成的染色体；能量代谢和很多合成代谢均在质膜上进行；核糖体分布在细胞之中。常见的有细菌、放线菌、蓝细菌、螺旋体等。

真核微生物具有完整的细胞构造。细胞核分化程度较高，且细胞核被核膜包围；细胞质内有多种细胞器，如中心体、线粒体、高尔基体等。常见的有酵母菌、霉菌、真菌等。大多数微生物属于真核微生物。

非细胞型微生物没有典型的细胞结构，由核酸和蛋白质组成，或只含一种成分；它们不能独立生活，只能寄生在活细胞内。非细胞型微生物包括病毒和类病毒，它们绝大多数是人类的敌人，能引起动物、植物疾病，如常见的肝炎病毒、艾滋病病毒、狂犬病病毒、禽流感病毒等。

微生物形态、大小和细胞类型见表 0—1—1。

表 0—1—1　　微生物形态、大小和细胞类型

微生物	大小近似值	细胞特征
病毒	0.01 ～ 0.25 μm	非细胞型
细菌	0.1 ～ 10 μm	原核生物
真菌	2 μm ～ 1 m	真核生物
原生动物	2 ～ 1 000 μm	真核生物

二、微生物的特点

微生物个体微小、结构简单，除少数特例外，微生物的遗传信息都由 DNA 链上的基因所携带。它们除具有与高等生物共有的新陈代谢、生长繁殖、遗传变异等生物特性外，还具有自身特点及独特的生物多样性，即种类多、分布广、繁殖快、代谢活力强、适应性强、易变异等。微生物的特性是自然界中其他任何生物所不能比拟的，而且这些特性归根结底与微生物体积小、结构简单有关。

1. 种类多，分布广

微生物在自然界中是一个十分庞杂的生物类群。迄今为止，人们所知道的微生物近十万种，现在仍然以每年发现几百至上千个新种的趋势增加。它们具有各种生活方式和营养类型，大多数以有机物为营养物质，还有些以寄生类型存在。微生物的生理代谢类型多，是动物和植物所不及的。分解地球上储量最丰富的初级有机物——天然气、石油、纤维素、木质素的能力，属微生物专有。

2. 繁殖快

微生物繁殖速度快、易培养，是其他生物所不能比拟的。如在适宜条件下，大肠杆菌在温度为 37℃时的世代时间为 18 min，每 24 h 可分裂 80 次，增殖数为 1.2×10^{24} 个。枯草芽孢杆菌在温度为 30℃时的世代时间为 31 min，每 24 h 可分裂 46 次，增殖数为 7.0×10^{13} 个。

事实上，由于种种客观条件的限制，细菌的指数分裂速度只能维持数小时，因而在液体培养中，细菌的浓度一般仅能达到每毫升 10^8 ~ 10^9 个。

3. 代谢活力强

微生物体积虽小，但有极大的比表面积。因而，微生物能与环境之间迅速进行物质交换，完成代谢作用。从单位质量来看，微生物的代谢强度比高等生物大几千倍到几万倍。如在适宜环境下，大肠杆菌每小时可消耗的糖类相当于其自身质量的 2 000 倍；以同等体积计，一个细菌在 1 h 内所消耗的糖相当于人在 500 年时间内所消耗的粮食。

微生物的该特性为它们的高速生长繁殖和产生大量代谢产物提供了充分的物质基础，因此，使微生物有可能更好地发挥“活的化工厂”的作用。

4. 适应性强，易变异

为了保存自己，微生物对外界环境的适应能力都很强，这是生物进化的结果。有些微生物体外附着一个保护层，如荚膜等，它的作用是既可以作为营养物质，又能够抵御吞噬细胞对它的吞噬；细菌的休眠芽孢、放线菌的分子孢子等对外界的抵抗力比其繁殖体要强许多倍；有些极端微生物具有相应特殊结构蛋白质、酶和其他物质，使之能适应恶劣环境。

由于微生物表面积和体积的比值大，与外界环境的接触面大，因而受环境影响也大。一旦环境发生变化，不适于微生物生长时，很多微生物则会死亡，少数个体发生变异而存活下来。利用微生物易变异的特性，在微生物工业生产中进行诱变育种，获得高产优质的菌种，提高产品产量和质量。

三、微生物与食品的关系

1. 微生物在食品制造中的应用

（1）微生物菌体的应用。乳酸菌可用于蔬菜和乳类及其他多种食品的发酵，还可以从微生物菌体中获得蛋白质——单细胞蛋白。

（2）微生物代谢产物的应用。人们食用的某些食品是经过微生物发酵的代谢产物，如酒类、食醋、氨基酸、有机酸、维生素等。

（3）微生物酶的应用。很多食品是利用微生物产生的酶将原料中的成分分解而制成的食品，如豆腐乳、酱油等。微生物酶制剂在食品及其他工业中的应用日益广泛。

2. 微生物引起的食品腐败变质

微生物的污染是引起食品腐败变质的最主要原因。这些微生物通常广泛存在于土壤、空气、水、动物和人的粪便中，在从事食品生产经营时，若不注意卫生，就会被微生物所污染，在适宜的环境条件下，这些微生物就可以大量繁殖，使食品发生一系列变化，以致腐败变质。

有些微生物是使人类致病的病原菌，有些微生物可产生毒素。如果人们食用含有大量病原菌或毒素的食物，严重时可引起食物中毒，影响身体健康，甚至危及生命。所以，食品微生物学工作者应该设法控制或消除微生物对人类的这些有害作用，采用现代检测手段，对食品中的微生物进行检测，以保证食品安全。

四、微生物污染食品的途径

1. 土壤污染

自然界中的微生物绝大多数存在于土壤当中，在这里有大量供微生物生长的有机物和矿物质、充足的水分和空气、适宜的酸碱度和恒定的温度，因此说土壤是微生物的“大本营”。粮食、蔬菜和水果等植物性食品是经土壤培育出来的，与土壤接触密切。因此，土壤是食品中微生物存在的主要源头。

2. 空气污染

空气中存在着大量的微生物，并且人群和动物活动越多的场所，空气中的微生物越多。当食品暴露在空气中时，空气中带有微生物的土壤、尘埃、痰沫与唾液传播到食品上，造成食品的严重污染。

3. 水污染

江河、湖泊、海洋、池塘、水井或地下水中都存在着大量的微生物。水中的微生物主要来源于土壤、空气、动物的排泄物、动物和植物的尸体、工厂废水和生活污水等。一般来说，越是不清洁的水体，微生物数量越多。

食品在生产加工过程中，水是许多食品的原料或配料成分，清洗设备、清洁环境也需要大量的水，因此，各种天然水源不仅是微生物的污染源，也是微生物污染食品的主要介质。生产中所用的水如果被生活污水、医院污水或厕所粪便所污染，各种微生物的数量就会骤增，其中包括致病微生物，如果用这种水进行食品生产，则会给食品造成严重的生物污染。所以，水的卫生质量与食品的卫生质量密切相关，饮用水和食品生产用水的微生物检测指标必须符合国家质量标准。

4. 人与动物接触污染

人与动物的体表、消化道和上呼吸道均有一定种类的微生物群存在。如果从业人员的身体、工作服不经常清洗，微生物就会通过皮肤、毛发、衣帽与食品接触，从而污染食品，引起腐败变质。在食品加工、运输、储藏和销售过程中，老鼠、苍蝇、蟑螂等动物也可能成为传播微生物或病原菌的媒介。

5. 产品原料及辅料

（1）植物原料及辅料。对于果蔬加工产品，原料本身带有微生物，而且加工过程中还会再次污染，加工制成的产品中也可能带有大量的微生物。

（2）动物原料及辅料。患病畜禽的组织器官内部可能有微生物存在，要实行屠宰前检疫；屠宰、分割、加工、储藏和销售过程中的每个环节都有可能发生微生物污染。

6. 加工机械和设备、包装材料

食品生产、加工、运输和储藏过程中所用的各种机械、设备及包装材料，在未经消毒或灭菌前都会带有不同数量的微生物，如不经过消毒、灭菌处理，在生产过程中或包装后食品就会被微生物污染，影响正常生产或造成食品的腐败变质。

五、食品微生物检验的基本任务和范围

微生物检验是基于微生物学的基本理论，利用微生物实验技术，根据各类产品的卫生标准要求，检验食品中微生物数量及种类等，用以判断产品卫生质量的一门应用技术。食品微生物检验是产品卫生标准中的一项重要内容，也是确保产品质量和安全、防止致病菌污染和疾病传播的重要手段。通过微生物检验，除可以判断本身质量外，还可以对产品加工环境的卫生情况及运输、储藏过程中是否受到污染做出正确的评价，为各项卫生管理工作提供科学依据。此外，通过微生物检验，可以贯彻“预防为主”的卫生方针，能够有效地防止或者减少食物中毒、人畜共患病的发生，保障人民的身体健康；同时，它在提高产品质量、避免经济损失、保证出口等方面具有政治和经济上的重要意义。

1. 食品微生物检验的基本任务

（1）研究各类产品的样品采集、运送、保存以及预处理方法，提高检测准确度。

（2）根据各类产品的卫生标准要求，选择适合不同产品、针对不同检测目标的最佳检测方法，探讨影响产品卫生质量的有关微生物的检测、鉴定程序以及相关质量控制措施；利用微生物检验技术，正确进行各类样品的检验。

（3）研究有关微生物的快速检测方法和自动化仪器的使用，并认真进行检验结果分析和实验方法评价。

（4）及时对检验结果进行统计、分析、处理，并及时、准确地进行结果报告。

（5）对影响产品卫生质量及人类健康的相关环境的微生物进行调查、分析与质量控制。

2. 食品微生物检验的范围

根据食品被污染的原因和途径，食品微生物检验的范围包括以下几个方面：

（1）生产环境的微生物检验。如车间用水、空气、地面、墙壁等。

（2）各种产品的原料、辅料检验。包括食用动物、谷物、添加剂等一切原料、辅料。

（3）各类产品加工、储藏、销售环节的检验。包括食品从业人员的卫生状况检验，加工工具、运输车辆、包装材料的检验等。

（4）产品的检验。对出厂产品、可疑产品及食物中有毒食品的检验。

六、食品微生物检验工作流程

食品微生物检验的一般程序包括：检验前的准备、样品采集与送检、样品预处理、

样品检验和结果报告。在检验过程中必须坚持科学、求实、认真的态度，从样品采集、样品送检和处理至检验报告，都要严格依据国家标准，遵守操作规范，做到有章可循、有据可依。

七、食品微生物实验室安全知识

食品微生物实验室是一个特殊的场所，所有参与实验的人员都必须在健康和安全的环境下工作。因此，每一名从事食品微生物检验工作的人员必须掌握实验室安全知识与基本的防护技能。

1. 基本安全知识

（1）规范微生物安全操作技术。样品容器可以是玻璃的，但最好是塑料制品；运送样品时应使用两层容器，以避免泄漏或溢出造成生物污染；应采用机械移液器，注射器不能用于吸取液体；在微生物操作中释放的大颗粒物质很容易附着在工作台面及手上，应该戴一次性手套，且最好每小时更换一次，实验中避免接触口、眼及脸部；鉴定可疑微生物时，各种防护设备应与生物安全柜及其他设备同时使用；工作结束，必须用有效的消毒剂处理工作区域。

（2）重视废弃物的处理。处理废弃物的首要原则是所有感染性材料必须在实验室内清除污染、高压灭菌或焚烧。

2. 人员安全防护

（1）进入实验室前，工作服、帽、鞋必须穿戴整齐。

（2）在进行高压灭菌或干热灭菌等工作时，工作人员不得擅自离开现场，应认真观察温度、时间，随时注意有无异常问题发生并及时处理。

（3）严禁用口直接吸取药品和菌液，应按无菌操作要求进行，如发生菌液、病原体溅出容器外的情况，应立即用有效消毒剂进行彻底消毒，安全处理后方可离开现场。

（4）工作完毕，应用肥皂将双手洗净，必要时可用新洁尔灭、过氧乙酸泡手，然后再用清水冲洗。工作服应经常清洗，保持整洁，必要时进行高压消毒。

（5）实验完毕，及时清理现场和实验用具，对染菌带毒物品进行消毒灭菌处理。

（6）每日下班，尤其是节假日前后应认真检查水、电和正在使用的仪器、设备，关好门窗后方可离开。

3. 实验室急救

（1）火险。发生火险时要保持冷静，立即关闭电源、火源，用沙土或湿布覆盖着火处，达到隔绝空气灭火的目的，必要时使用灭火器。

（2）触电。切记要在切断电源后再急救。

（3）意外事故的处理

1）如工作服被污染，应脱下翻转包裹，使污染部分包在内部，同时进行消毒，经灭菌后洗涤再用。

2）如打破盛有培养物的器皿，致使病原性菌毒种外溢，污染了工作室及操作者的衣物和体表时，应首先保持冷静，切勿乱动，以免扩大污染面；同时，请求他人用浸透消毒液的毛巾或纱布覆盖于碎片上，或将消毒液倒在污染区，浸没一段时间。先从外到内逐步清理污染源，最后将衣物彻底灭菌。清理时应避免用手直接收集玻璃碎片，以防损伤皮肤，造成病原性微生物污染事故。对一般较小面积的污染可自行处理，较大范围的污染则请人协助处理。

八、食品微生物实验室规章制度

1. 实验室管理制度

（1）进入实验室必须穿工作服，进入无菌室换无菌衣、帽、鞋，戴好口罩，非实验室人员不得进入实验室，严格执行安全操作规程。

（2）实验室内物品摆放整齐，试剂定期检查并有明晰标签，仪器定期检查、保养、检修，严禁在冰箱内存放和加工私人食品。

（3）各种器材应建立记录，贵重仪器有使用记录，破损、遗失应填写报告；药品、器材、菌种未经批准不得擅自外借和转让，更不得私自拿出。

（4）禁止在实验室内吸烟、进餐、会客、喧哗，实验室内不得带入私人物品，离开实验室前认真检查水、电，对于有毒、有害、易燃、污染、腐蚀物品和废弃物品应按有关要求处理。

（5）负责人严格执行本制度，出现问题立即报告，造成病原扩散等责任事故者，应视情节轻重进行处理，直至追究法律责任。

2. 仪器配备、管理及使用制度

（1）实验室应配备下列仪器：培养箱、高压锅、普通冰箱、低温冰箱、厌氧培养设备、显微镜、离心机、超净台、振荡器、普通天平、千分之一天平、烤箱、冷冻干燥设备、均质器、恒温水浴箱、菌落计数器、生化培养箱、电位 pH 计、高速离心机等。

（2）实验室所使用的仪器、容器应符合标准要求，保证准确、可靠。

（3）实验室仪器应安放合理，贵重仪器由专人保管，建立仪器档案，并备有操作方法，保养、维修说明书及使用登记本，做到经常维护、保养和检查，精密仪器不得随意移动。

（4）各种仪器（冰箱、保温箱除外）使用完毕要立即切断电源，旋钮复原归位，待仔细检查后方可离开。

（5）一切仪器、设备不得擅自外借，使用后应进行登记。

（6）仪器、设备应保持清洁，一般应有仪器罩。

（7）使用仪器时，应严格按操作规程进行。

3. 药品管理、使用制度

（1）依据实际情况，制订各种药品、试剂采购计划，写清品名、单位、数量、纯度、包装规格、出厂日期等，领回后建立账目，由专人管理，每半年做一次消耗表，并清点剩余药品。

（2）药品、试剂陈列整齐，放置有序，避光、防潮、通风干燥，瓶签完整，剧毒药品加锁存放，易燃、挥发、腐蚀药品单独储存。

（3）领用药品、试剂时，需填写药品领取单，由使用人和负责人签字。

（4）称取药品、试剂时应按操作规范进行，用后盖好，必要时可封口或用黑纸包裹，不使用过期或变质药品。

九、食品微生物检验员岗位职责

（1）服从安排，自觉遵守各项规章制度，遵守劳动纪律，工作时间不得擅离职守。

（2）负责对检定菌及培养基的管理，培养基的配制、灭菌、质量检查。

（3）严格按现行检验操作规程进行检测，对检验所得数据应做到实事求是，不得擅自更改，及时、如实填写有关原始记录，并对各项检验结果及结论负责。

（4）严格执行检验审核、复核管理制度。

（5）参与有关检测仪器的自校工作。

（6）负责无菌工作服及相关器具的消毒、灭菌工作；负责无菌室的清洁、消毒、灭菌及监测工作。

（7）操作人员进入无菌室应遵守“检验人员出入检验室着装规程及出入程序”，不得任意出入无菌室；负责搞好各微检室、培养箱的卫生。

（8）下班前仔细检查水、电、门、窗、仪器设备等关闭与否，确认无误后方可离开。

（9）如无特殊情况，要定期发出报告。

（10）本室工作人员未经许可，不得擅自带人进入工作岗位。

十、食品微生物检验常规技术

食品微生物检验常规技术包括显微技术，染色技术，灭菌和消毒技术，培养基制备技术，接种、分离纯化和培养技术，无菌取样技术，微生物计数技术，菌种保藏技术，微生物常规鉴定技术等。

【思考与练习】

1. 什么是微生物？它包括哪些类群？
2. 简述微生物的特点。
3. 举例说明微生物与食品的关系。
4. 食品微生物检验内容包括哪些？

项目一

微生物形态观察及显微镜计数

任务 1　普通显微镜的使用

【学习目标】

1. 了解普通光学显微镜的结构及各部分功能。
2. 能正确使用普通显微镜观察微生物形态并绘图。
3. 能正确维护和保养显微镜。

【任务引入】

显微镜是进行微生物研究的基本工具，是微生物实验室的常用仪器之一。在食品微生物检验过程中，需要经常使用显微镜来观察微生物形态。因此，熟练使用显微镜并能对显微镜进行维护和保养，是食品微生物检验人员必须掌握的一项基本技能。本任务将使用显微镜观察霉菌、酵母菌和乳酸杆菌的形态并绘图。

【任务分析】

在食品微生物检验中，一般普通光学显微镜即可完成微生物形态、结构的观察，满足食品微生物检验工作的需要。要完成本任务，就需要了解显微镜的结构和保养方法。

【相关知识】

一、显微镜的分类

显微镜的种类很多，根据光源不同可分为光学显微镜和电子显微镜。前者以可见光或紫外光为光源，后者以电子束为光源。

光学显微镜又分为明视野显微镜、暗视野显微镜、相差显微镜、荧光显微镜等。食品微生物检验中通常采用普通光学显微镜。

普通光学显微镜的成像原理是利用目镜和两组透镜系统组合成完整的光学系统来放大被观察物体影像，通常能将物体放大 1 500 ～ 2 000 倍。

二、普通光学显微镜的结构

普通光学显微镜（见图 1—1—1）利用目镜和物镜来放大成像，包括单目普通光学显微镜和双目普通光学显微镜，后者比前者多一个镜筒，可以双眼同时进行观察。普通光学显微镜由机械装置和光学系统两大部分组成。

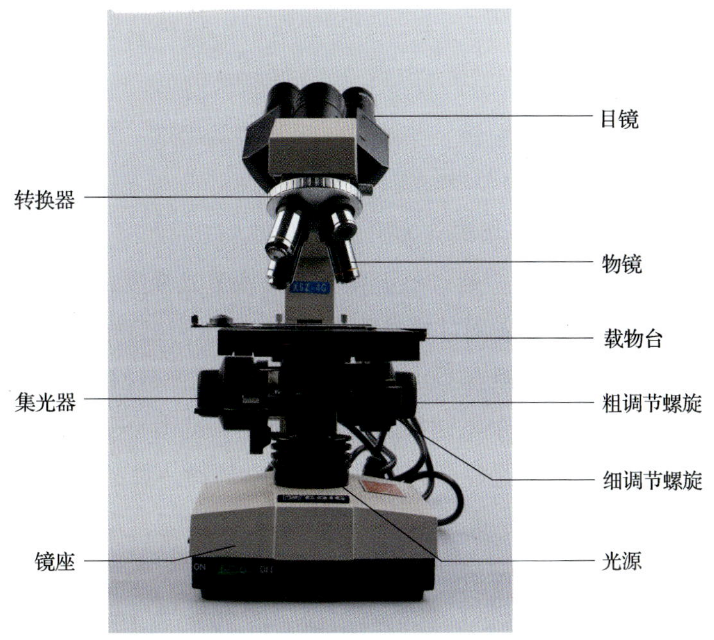

图 1—1—1　普通光学显微镜的结构

1. 机械装置

机械装置包括镜座、镜臂、载物台、镜筒、转换器、调焦螺旋等部件，是显微镜的基本组成单位，主要保证光学系统的准确配置和灵活调控，一般情况下是固定不变的。

（1）镜座。显微镜的底部，呈马蹄形，用以支持显微镜。

（2）镜臂。镜臂连接镜座和镜筒，是支持镜筒及取放显微镜时手握的部位。

（3）载物台。位于镜筒下方，呈方形或圆形，用于放置载玻片，中央有孔，可以透光。台上装有弹簧夹，用于固定载玻片。

（4）镜筒。金属圆筒，光线从中通过。

（5）转换器。位于镜筒下端，上有 3 ~ 4 个圆孔，物镜装在其上。可以转动，用以转换物镜。

（6）调焦螺旋。装在镜臂上的大、小两种螺旋，调节时使载物台做上下方向的移动。

1）粗调节器（粗调节螺旋）。大螺旋称为粗调节器，移动时可使载物台做快速和较大幅度的升降，所以能迅速调节物镜和标本之间的距离，使物像呈现于视野中。通常在使用低倍镜时，先用粗调节器迅速找到物像。

2）细调节器（细调节螺旋）。小螺旋称为细调节器，移动时可使镜台缓慢地升降，多在运用高倍镜时使用，从而得到更清晰的物像，并借以观察标本不同层次和不同深度的结构。

2. 光学系统

光学系统由光源、物镜、目镜、集光器、反光镜等组成。光学系统直接影响着显微镜的性能，是显微镜的核心。

（1）光源。普通显微镜的光源分为自然光源和人工光源（主要是电光源）两种。人工光源属于显微镜内设光源，通过电流调节螺旋调节光强度；无内设光源的显微镜通过调节镜座上安装的反光镜采用自然光源。

（2）物镜。物镜安装在转换器上，其作用是利用光线使被检物体第一次成像。

每台显微镜一般有 3 ~ 4 个不同放大倍数的物镜（见图 1—1—2），每个物镜由数片凸透镜和凹透镜组合而成，是显微镜最主要的光学部件，决定着光镜分辨率的高低。普通光学显微镜一般装有低倍镜、高倍镜和油镜三种物镜，常用物镜的放大倍数有 10× 、40× 和 100× 等几种。一般将 8× 或 10× 的物镜称为低倍镜（而将 5× 以下的叫作放大镜），将 40× 或 45× 的称为高倍镜，将 90× 或 100× 的称为油镜（这种镜头使用时需浸在镜油中）。此外，在镜筒上会有一圈不同颜色的线以区别不同放大倍数。

图 1—1—2　不同放大倍数的物镜

在每个物镜上通常刻有能反映其主要性能的参数，主要有放大倍数和数值孔径（如 10/0.25、40/0.65 和 100/1.25），以及该物镜所要求的镜筒长度和标本上的盖玻片厚度（160/0.17，单位为 mm）等。物镜的性能取决于物镜的数值孔径（N.A.），它标在物镜的外壳上，数值越大，性能越好。

根据物镜与标本之间的介质不同，分为干燥系统和油浸系统两种。物镜与标本之间的介质为空气时属于干燥系统，如“40×”以下的物镜；物镜与标本之间的介质为香柏油时属于油浸系统，如“100×”的物镜，此物镜又称油镜。油镜在使用时需要以香柏油或石蜡油作为介质，这是因为油镜的透镜和镜孔较小，而光线要通过载玻片和空气才能进入物镜中，玻璃与空气的折光率不同，使部分光线产生折射而损失，导致进入物镜的光线减少，从而使视野暗淡、物像不清。在玻片标本和油镜之间填充折射率与玻璃近似的香柏油或石蜡油时（玻璃、香柏油和石蜡油的折射率分别为 1.52、1.51、1.46，空气为 1），可减少光线的折射，增加视野亮度，提高分辨率。两种物镜的光线通路如图 1—1—3 所示。

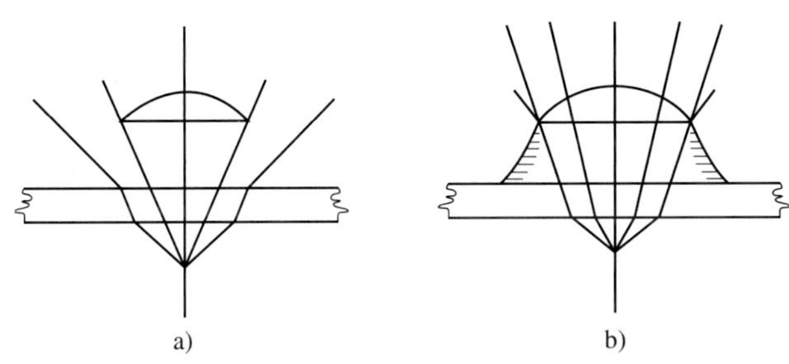

图 1—1—3 两种物镜的光线通路
a）干燥系统物镜 b）油浸系统物镜

（3）目镜。目镜能将物镜所成的实像进一步放大，形成虚像并映入眼部。一般来说，目镜镜筒越长，放大倍数越小，放大倍数常有 5×、10×、16× 等。

显微镜的放大倍数是物镜放大倍数与目镜放大倍数的乘积。如物镜为“40×”，目镜为“10×”，其放大倍数就是 40×10=400（倍）。

（4）集光器。集光器位于载物台下面，由聚光透镜、光圈和升降螺旋组成。集光器的作用是将光源发出的光线聚焦于样品上，得到最适合的照明，使物像获得明亮、清晰的效果。集光器可上下调节，当放大倍数低时，集光器下降，光圈缩小；当放大倍数高时，集光器上升，光圈放大。

光圈又称彩虹阑或孔径光阑，位于集光器的下端，是一种能控制进入集光器的光束大小的可变光阑。它由十几张金属薄片组合排列而成，其外侧有一小柄，可使光圈的孔径开大或缩小，以调节光线的强弱。在光圈的下方常装有滤光片框，可放置不同颜色的滤光片。

（5）反光镜。使用自然光源的显微镜需要配有反光镜。反光镜由正反凹平两面镜子构成，它可以把从光源来的光线送至集光器，因为集光器的构造最适于平行光线，所以通常用平面镜。只有在照明条件较弱或用油镜时才用凹面镜。

三、显微镜的保养方法

（1）显微镜应防止震动和暴力，否则会造成光学系统光轴的偏差而影响精度。显微镜从木箱中取出或装箱时，右手应紧握镜臂，左手稳托镜座，轻轻取出。不要用一只手提取，以防显微镜坠落，然后轻轻放在实习台上或装入木箱内。

（2）显微镜放在实验台上时，先放镜座的一端，再将镜座全部放稳，切不可使整个镜座同时与台面接触，这样震动过大，透镜和微调节器装置易损坏。

（3）显微镜须经常保持清洁，勿使油污和灰尘附着。如透镜部分不洁，可用擦镜纸擦拭；如有油污，可用蘸有少许二甲苯的擦镜纸拭去，不得用布或其他物品擦拭。

（4）接目镜和接物镜不要随便抽出和卸下，若必须抽取接目镜时，须将镜筒上口用净布遮盖，以免灰尘落入镜筒内。更换接物镜时，卸下后应倒置在清洁的台面上，并随即装入木箱放置接物镜的管内。

（5）粗调节器、细调节器、标本推进器等机械系统要灵活，如不灵活，可在滑动部位滴加少许润滑油。

（6）用油镜观察后，应先用擦镜纸将镜头上的香柏油擦去，再用蘸有少许二甲苯的擦镜纸擦 2 ~ 3 次，最后再用干净的擦镜纸将二甲苯擦去。二甲苯用量不能太多，因为物镜的几块透镜是用树胶黏合在一起的，一旦树胶溶解，透镜将会脱落。

（7）显微镜用毕，需将物镜转成“八”字形，将其降至载物台上，勿使物镜镜头与集光器相对放置，以免因镜筒脱落而损坏物镜和集光器。

（8）显微镜应放在通风干燥处，避免阳光直射或暴晒，通常用红、黑两层布罩罩起来，放入箱内。

（9）显微镜要避免与酸、碱和易挥发的、具腐蚀性的化学试剂等放在一起，这些物品对显微镜十分有害。

【任务实施】

一、显微镜观察前的准备工作

1. 仪器

配图	名称及规格	说明
	显微镜	普通光学显微镜，含有镜头

2. 试剂与材料

配图	名称及规格	说明
	（1）香柏油 （2）二甲苯 （3）微生物标片（乳酸杆菌染色涂片、酵母菌染色涂片） （4）擦镜纸	微生物标片如有油渍，可用纱布蘸95%的酒精擦洗干净 右图为盛装香柏油和二甲苯的试剂瓶

二、操作步骤

1. 用低倍镜观察霉菌

配图	操作方法	操作说明
	（1）观察前的准备 1）把显微镜放在桌面上，摆在身体的左前方，镜臂对着胸前，坐在显微镜正前方	①显微镜属贵重、精密仪器，使用时应特别小心，注意爱护，轻拿轻放 ②显微镜离桌面边缘约10 cm。显微镜右侧放记录本或绘图本

续表

配图	操作方法	操作说明
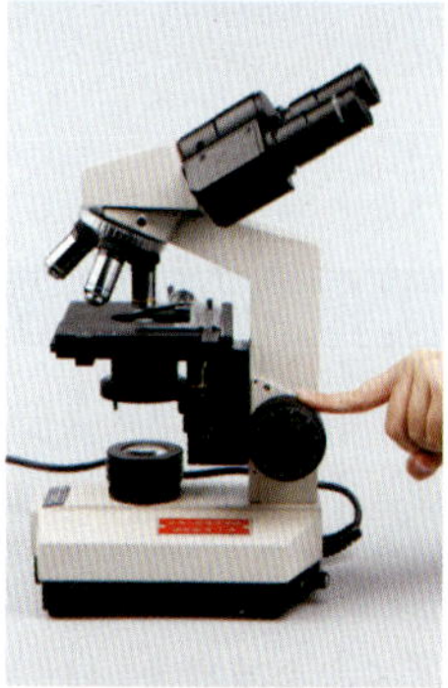	2）用手转动粗调节器，使载物台上升	当转动时听见"咔"声，或同时感到有阻力时立即停止转动，说明物镜已与镜筒成一条直线
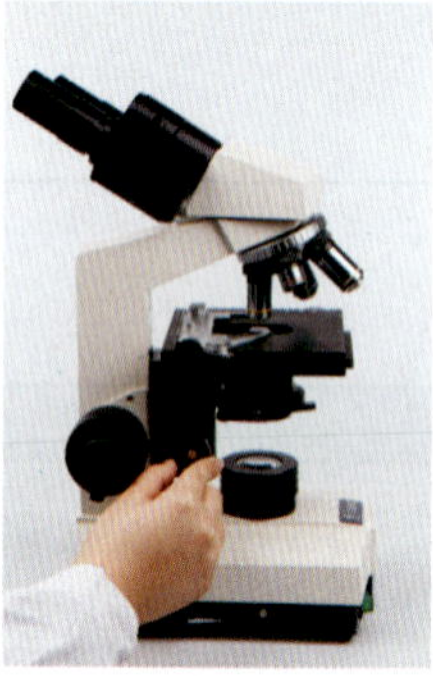	（2）调节光源 1）将集光器上升到最高位置	可以通过调整集光器的高度来调节光线强度。检查染色标本时，光线应强；检查未染色标本时，光线不宜太强
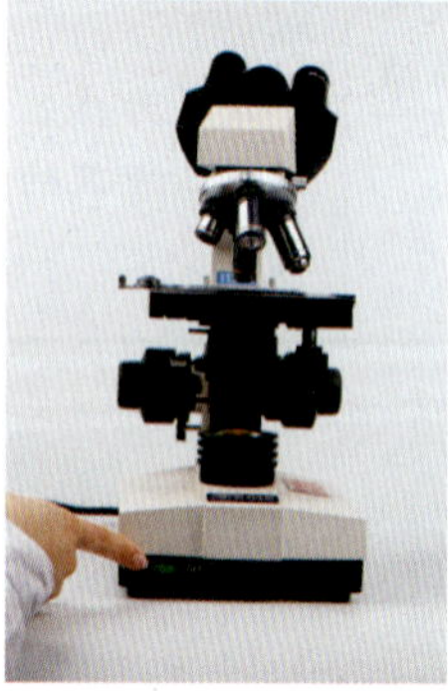	2）打开光源开关，可以通过调节电流旋钮来调节光照强弱	不带光源的显微镜，可以利用灯光或自然光通过反光镜来调节光照，光线较强的天然光源宜用平面镜，光线较弱的天然光源宜用凹面镜，但是不能用直射阳光
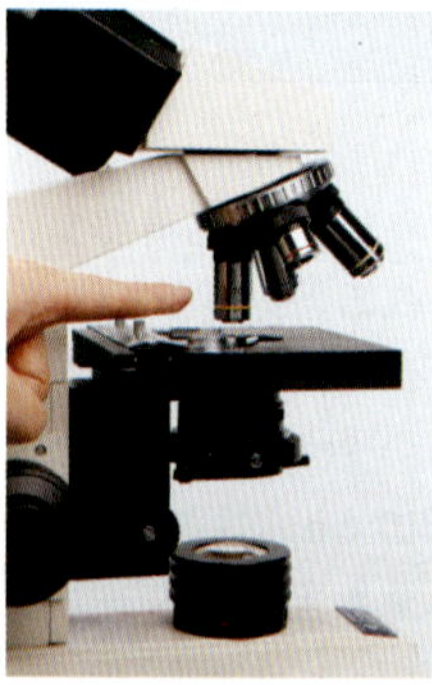	3）转动镜头转换器，将10× 物镜转入光孔	不要随意取下目镜，以防尘土落入物镜，也不要任意拆卸各种零件，以防损坏

续表

配图	操作方法	操作说明
	4）将集光器上的彩虹光圈打开并调至最大位置，使视野的光照度达到最明亮、最均匀为止	一般使用低倍镜时降低集光器，缩小光圈；使用高倍镜时上升集光器，放大光圈
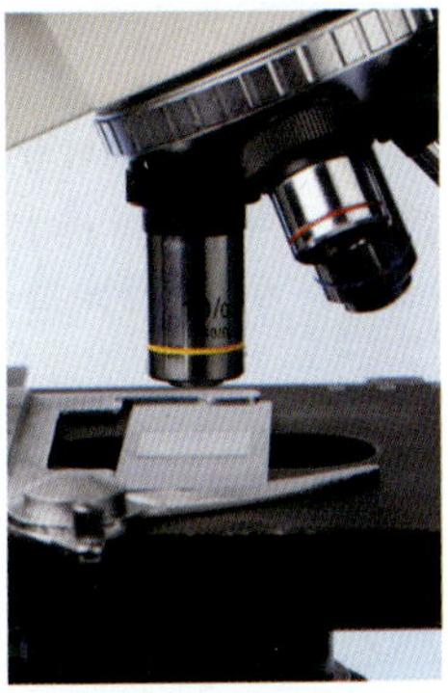	（3）固定标本。取微生物玻片标本放在载物台上，有盖玻片的一面朝上。玻片两端用移动器夹住，然后转动螺旋，使玻片上要观察的标本对准镜中央圆孔	载物台上的刻度可以标示玻片的坐标位置
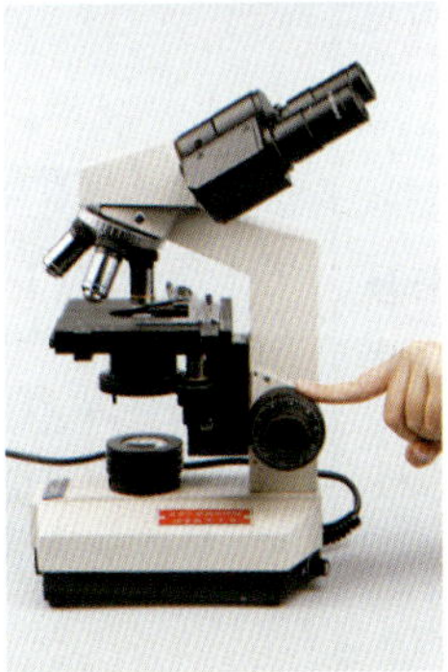	（4）调节焦距 1）转动粗调节器，使低倍镜距玻片标本 0.5 mm 左右，用左眼从目镜中观察，用手慢慢转动粗调节器	切勿用眼在目镜中观察的同时转动粗调节器，必须从显微镜侧面观察物镜与玻片的距离，以防镜头碰撞玻片而造成损坏
	2）当视野中出现模糊物像时，再调节细调节器，直至视野中出现清晰的物像为止	

续表

配图	操作方法	操作说明
	3）使用推动器移动标本，寻找观察区域和目标	
	（5）观察、绘图。观察并描绘微生物形态	要养成两眼同时睁开观察的习惯，左眼用于观察视野，右眼用于绘图

2. 用高倍镜观察酵母菌

配图	操作方法	操作说明
	（1）寻找视野。按照用低倍镜观察的操作方法，在低倍镜下找到合适的观察区域并移至视野中	低倍镜视野较大，易于发现目标和确定检查的位置，因此，镜检任何标本都要养成先用低倍镜观察的习惯
	（2）转换高倍镜。转动物镜转换器，使高倍镜对准载物台中央圆孔	转换高倍镜时速度要慢，要细心，并同时从侧面观察（防止高倍镜碰撞载玻片）。如果高倍镜碰到载玻片，说明低倍镜的物距没有调节好，应重新进行操作

续表

配图	操作方法	操作说明
	（3）调节焦距。先将物镜降至非常靠近载玻片的位置，然后再慢慢上升镜筒，调节粗调节器、细调节器，直到物像清晰为止	调节螺旋时应不时地从侧面观察，防止镜头压碎载玻片
	（4）观察、绘图。观察并描绘微生物形态	要养成两眼同时睁开观察的习惯，左眼用于观察视野，右眼用于绘图

3. 用油镜观察乳酸杆菌

配图	操作方法	操作说明
	（1）寻找视野。按照用低倍镜观察的操作方法，在低倍镜下找到合适的观察区域并移至视野中	低倍镜视野较大，易于发现目标和确定检查的位置，因此，镜检任何标本都要养成先用低倍镜观察的习惯

续表

配图	操作方法	操作说明
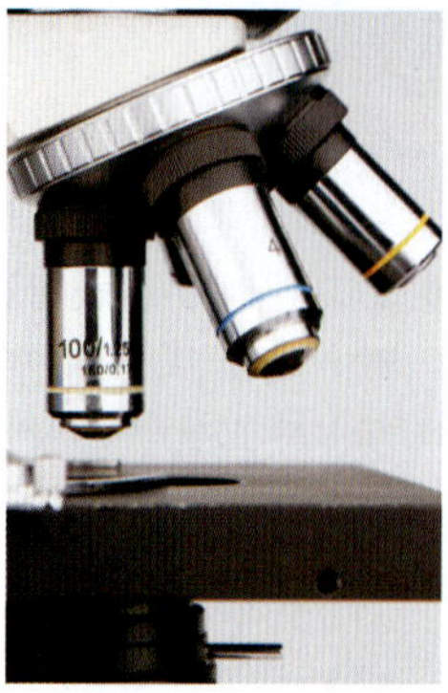	（2）转换油镜。转动物镜转换器，将油镜转换到工作位置	将集光器上升至最高位置，光圈调至最大
	（3）加香柏油。滴 1 ～ 2 滴香柏油至欲观察部位的涂片上。慢慢下降镜筒，使油镜浸入香柏油中	香柏油不要加多。从侧面观察，使镜头下降，载玻片与镜头之间以香柏油相连
	（4）调节焦距。左眼从目镜中观察，同时转动粗调节器，缓慢提升油镜，直至出现模糊物像时，再用细调节器调至物像清晰为止	如果找不到目标物，一种可能是油镜下降还不到位；另一种可能是油镜上升太快，以致眼睛还未观察到物像，遇此情况应重新操作
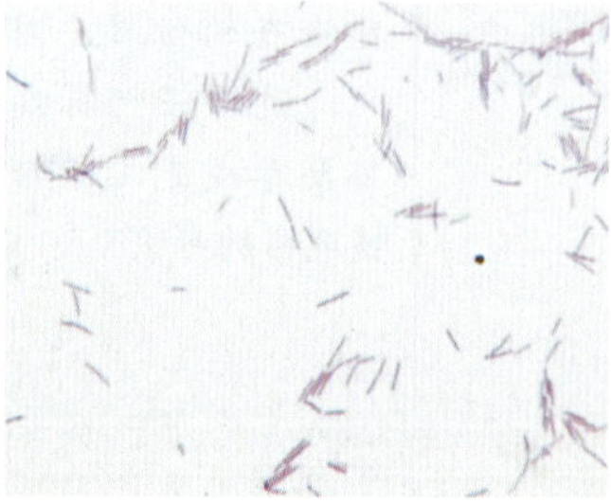	（5）观察、绘图。观察并描绘微生物形态	要养成两眼同时睁开观察的习惯，左眼用于观察视野，右眼用于绘图

4. 显微镜使用后的处理

<table>
<tr><th>配图</th><th>操作方法</th><th>操作说明</th></tr>
<tr><td></td><td>（1）清洁油镜。上升镜筒，取下玻片。用滴加二甲苯的擦镜纸擦拭干净油镜镜头，再用干净的擦镜纸擦去残留的二甲苯</td><td>应沿一个方向擦拭镜头。光学和照明部分只能用擦镜纸擦拭，切忌口吹、手抹或用布擦，机械部分用布擦拭</td></tr>
<tr><td></td><td>（2）搁置物镜。将物镜转成“八”字形，缓慢下降镜筒，使物镜靠在载物台上</td><td rowspan="2">如果长时间不用，应将物镜和目镜取下，放入专用干燥器内，以免受潮发霉。显微镜箱内应放入干燥剂</td></tr>
<tr><td></td><td>（3）将集光器降至最低位置，如有反光镜，则将其镜面转成垂直状</td></tr>
</table>

三、操作过程记录

微生物镜检记录表见表 1—1—1。

表 1—1—1　　　　　　　　　　微生物镜检记录表

记录人：　　　　　　　　　　　　　　日期：

微生物	霉菌	酵母菌	细菌（乳酸杆菌）
绘图			
放大倍数	目镜：	目镜：	目镜：
	物镜：	物镜：	物镜：
菌体形态描述			
显微镜型号			
绘图说明： （1）用铅笔绘图 （2）微生物形态、大小与视野中观察的保持一致			

【考核评价】

考核点	考核标准	配分	得分
镜检前的准备	显微镜搬运方法正确	20	
	坐姿正确		
	笔记本、笔位置摆放正确		
镜检观察	光源调节方法正确	40	
	粗调节器、细调节器使用方法正确		
	视野定位准确、清晰		
	油镜调节方法正确		
	观察方法正确		
显微镜维护	油镜清洁方法正确	30	
	显微镜保存方法正确		
绘图	显微绘图方法规范	10	
合计		100	

【思考与练习】

1. 简述普通光学显微镜的构造及工作原理。
2. 比较低倍镜、高倍镜和油镜各方面的差异。
3. 简述普通光学显微镜的保养方法。
4. 在使用普通光学显微镜观察微生物时如何调节光源亮度？
5. 在调节焦距时如何保护显微镜的物镜？

【知识链接】

显微镜是人类伟大的发明物之一。在它发明出来之前，人类关于周围世界的观念局限在用肉眼或者靠手持透镜所看到的东西。显微镜把一个全新的世界展现在人类的视野里。人们第一次看到了数以百计的、“新的”微小植物和动物，以及从人体到植物纤维等各种东西的内部构造。

最早的显微镜是16世纪末在荷兰制造出来的。发明者是一个名叫查卡里亚斯·詹森的眼镜商和一位名叫汉斯·利珀希的科学家，他们用两片透镜制作了简易的显微镜（见图1—1—4），但并没有用这些仪器做过任何重要的观察。

图1—1—4　最早的显微镜

后来，有两个人开始在科学研究领域使用显微镜。第一个是意大利科学家伽利略，他通过显微镜观察到一种昆虫后，第一次对它的复眼进行了描述。第二个是荷兰亚麻织品商人安东尼·凡·列文虎克（1632—1723年），他学会了磨制透镜，第一次描述了许多肉眼所看不见的微小植物和动物。

1931年，恩斯特·鲁斯卡通过研制电子显微镜，令生物学界发生了一场革命。这使得科学家能观察到像百万分之一毫米那样小的物体。1986年，他被授予诺贝尔奖。

任务2　细菌染色及形态观察

【学习目标】

1. 掌握细菌的结构。
2. 了解常用的细菌染色方法和染色剂。
3. 掌握细菌染色原理。
4. 能正确进行细菌简单染色、革兰氏染色。
5. 熟练使用显微镜观察微生物并绘图。

【任务引入】

微生物形态特征是分类鉴定的重要依据，而微生物细胞个体微小、无色透明，在普通光学显微镜下难以将其与背景区分而看清楚，难以识别其形态和结构。所以，在利用光学显微镜对微生物进行观察前，需要用染料对微生物进行染色，使着色细胞或结构与背景形成鲜明对比，以便能够更加清晰地观察微生物细胞形态及结构特征。在食品微生物检验工作中，需要经常使用微生物染色技术来观察食品中检出细菌的形态特征，并进行分类鉴定，进而判断食品中微生物的污染情况。因此，细菌染色技术是食品微生物检验工作者必须掌握的一项技术。本任务将对大肠杆菌、枯草芽孢杆菌、乳酸杆菌和金黄色葡萄球菌进行染色，并观察其形态。

【任务分析】

要完成本任务，首先应了解细菌的形态与大小、细菌的细胞结构与功能以及细菌的繁殖和染色方法。

【相关知识】

一、细菌的形态与大小

细菌是单细胞原核微生物，个体微小、形态简单，以二等分裂方式繁殖。在自然界中，细菌分布最广泛、数量最多，与人类关系极为密切。

1. 细菌的形态

不同细菌的形态可以说是千差万别，丰富多彩。但就单个有机体而言，其基本形态可分为球状（见图 1—2—1）、杆状（见图 1—2—2）和螺旋状（见图 1—2—3）三种。除了这三种基本形态外，还有许多其他特殊形态的细菌，如星形、方形和三角形细菌等，如图 1—2—4 所示。

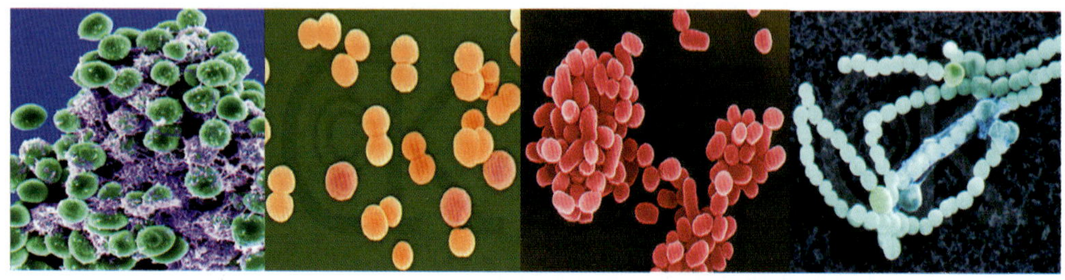

图 1—2—1　扫描电子显微镜下不同形状球菌

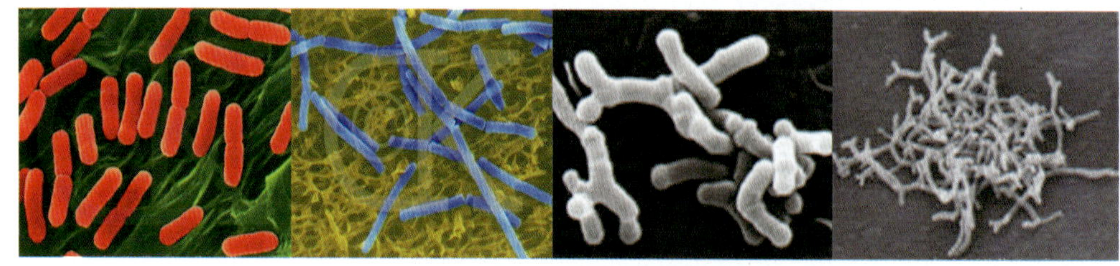

图 1—2—2　扫描电子显微镜下不同形状杆菌

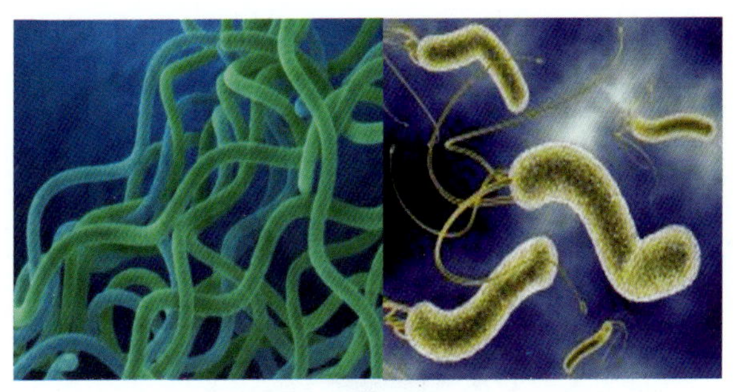

图 1—2—3　扫描电子显微镜下不同形状螺旋菌

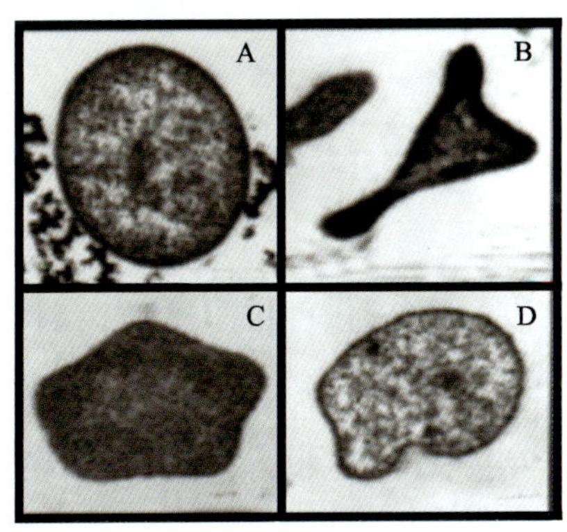

图 1—2—4　特殊形状的细菌

2. 细菌的大小

细菌个体很小，必须在显微镜下才能看见。测量细菌大小的单位是微米，符号是 μm。通常，幼龄菌比成熟的或衰老的细菌要大。不同种类微生物大小见表 1—2—1。

表 1—2—1　　不同种类微生物大小　　单位：μm

菌名	直径或宽×长
乳链球菌	0.5 ～ 1
金黄色葡萄球菌	0.8 ～ 1
大肠杆菌	0.5 ×1 ～ 3
枯草芽孢杆菌	0.8 ～ 1.2×1.2 ～ 3
霍乱弧菌	0.2 ～ 0.6×1 ～ 3

二、细菌的细胞结构与功能

细菌的细胞结构包括基本结构和特殊结构。细胞壁、细胞膜、细胞质和核质体为基本结构，荚膜、鞭毛、菌毛和芽孢为特殊结构。细菌的细胞结构如图 1—2—5 所示。

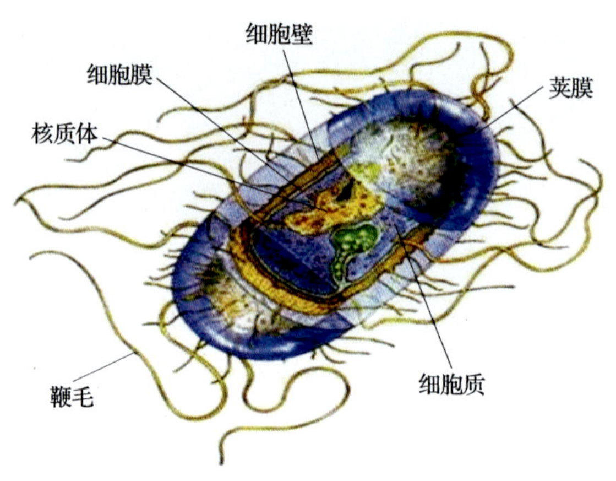

图 1—2—5　细菌的细胞结构

1. 细胞壁

细胞壁是细菌的基本结构，位于细胞表面，它是内侧紧贴细胞膜的较为坚韧、略具弹性的结构，占细胞干重的 10% ~ 25%。细菌细胞壁的主要成分是肽聚糖。不同种类细菌细胞壁的结构和化学成分不同。细胞壁的功能主要有：维持菌体固有的形态；保护细菌抵抗低渗环境，防止酶解；参与菌体内外的物质交换；菌体表面带有多种抗原分子，可诱发机体的免疫应答；与运动有关（见图 1—2—6）。

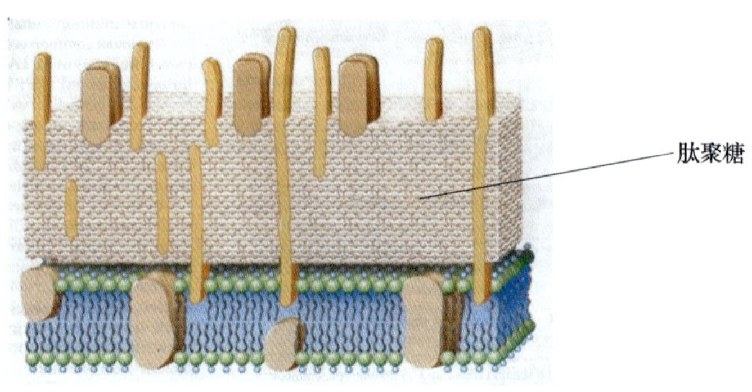

图 1—2—6　细菌细胞壁

2. 细胞膜

细菌细胞膜是围绕于细胞质外面的双层膜结构，是一个高度可选择渗透性的屏障，由磷脂和多种蛋白质组成。细菌细胞膜不仅是分隔细胞内部与外界的屏障，它还具有物质转运、生物合成、分泌和呼吸等主要功能。细胞膜中的磷脂由一个溶于水的“头部”（亲水部分）和两条脂肪酸链构成的“尾部”（疏水部分）组成，如图 1—2—7 所示。在磷脂双分子层中，其亲水端朝向膜内、外部两表面层，疏水端均朝向膜中央。

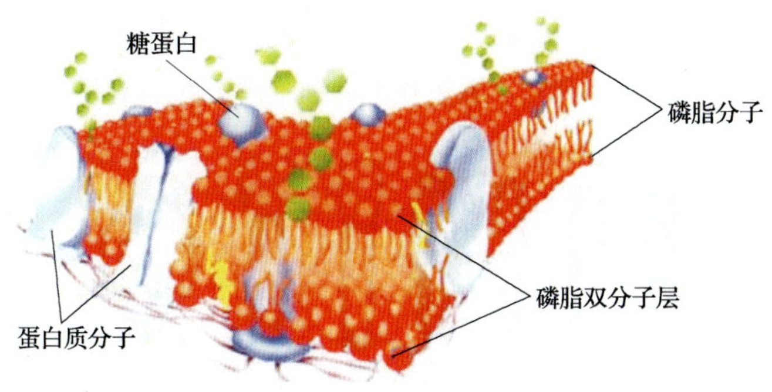

图 1—2—7　细菌细胞膜

3. 细胞质

细胞质是被细胞膜包围着的除核质体外的一切透明、胶状颗粒物质的总称。主要成分是水、蛋白质、核酸、脂类，并有少量糖及无机盐。

细菌细胞质与其他生物细胞质的主要区别是其核糖核酸含量高，可达细胞干重的 15% ~ 20%。细胞质具有生命物质所有的特征，含有丰富的酶系，是营养物质合成、转化、代谢的场所。它不断地更新细胞内的结构和成分，使细菌细胞与周围环境不断地进行新陈代谢。

4. 核质体与质粒

细菌是原核细胞，不具有成形的细胞核。细菌的遗传物质称为核质或拟核，无核膜、核仁，只有一个核质体或称染色质体。没有固定形态，结构也很简单，功能与真核细胞的染色体相似，这是原核生物与真核生物的主要区别之一。核质由单一闭合环状 DNA 分子反复回旋、卷曲、盘绕组成松散网状结构。

核质体又称核区，核区丝状物由双链、环状的 DNA 分子折叠缠绕而成。拉直后，其长度比细胞长度大若干倍。可见，细胞内的 DNA 必然是一种高度折叠缠绕、错综复杂的“超线圈”结构，这对于遗传性状的传递起着重要作用。正常情况下，一个菌体内只有一个核，而细菌处于活跃生长时，由于 DNA 的复制先于细胞分裂，一个菌体内往往有 2 ~ 4 个核。

很多细菌细胞质中，除染色体外还有质粒。它是存在于细菌染色体外或附加于染色体上的遗传物质。绝大多数由共价闭合环状双螺旋 DNA 分子构成，相对分子质量比细菌染色体小。

5. 细菌细胞特殊结构

（1）芽孢。某些细菌在一定的环境条件下，能在细菌内部形成一种圆形或椭圆形、壁厚、含水量低、抗逆性强的休眠构造。芽孢是生命世界中抗逆性最强的一种构造，具有较强的抗热、抗化学药物和抗辐射等能力。芽孢的休眠能力更为突出，在常规条件下，一般可保持几年甚至几十年不死亡。着生在不同细胞部位的细菌芽孢如图 1—2—8 所示。

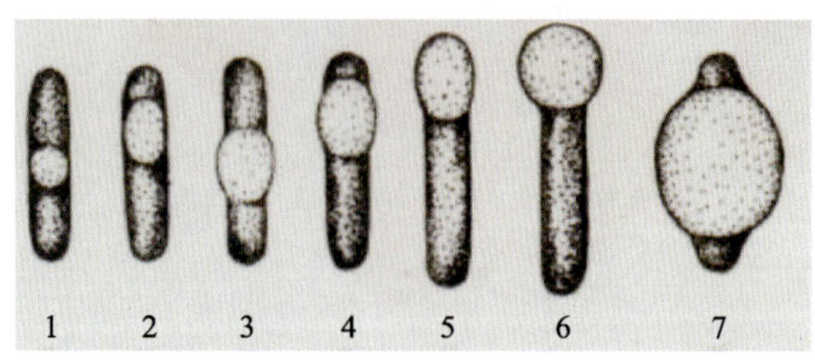

图 1—2—8　着生在不同细胞部位的细菌芽孢

（2）鞭毛。运动性微生物细胞的表面着生有一根或数根由细胞内伸出的细长、波曲、毛发状的丝状体结构，称为鞭毛。它是细菌的“运动器官”。鞭毛需用电子显微镜才可观察到，或经特殊染色法使鞭毛增粗后才能在光学显微镜下看到。细菌鞭毛如图 1—2—9 所示。

（3）荚膜。有些细菌生活在一定的营养条件下，可向细胞壁表面分泌一层松散、透明、黏度极大、黏液状或胶质状的物质，称为荚膜。这种物质具有一定的外形，厚约 200 nm。荚膜含有大量水分，约占 90%，还有多糖或多肽聚合物。大多数细菌的荚膜是多糖聚合物，炭疽芽孢杆菌、鼠疫耶氏菌等少数菌的荚膜为多肽聚合物。荚膜的形成既由遗传特性决定，又与环境条件有密切关系。

细菌在显微镜下的产荚膜如图 1—2—10 所示。

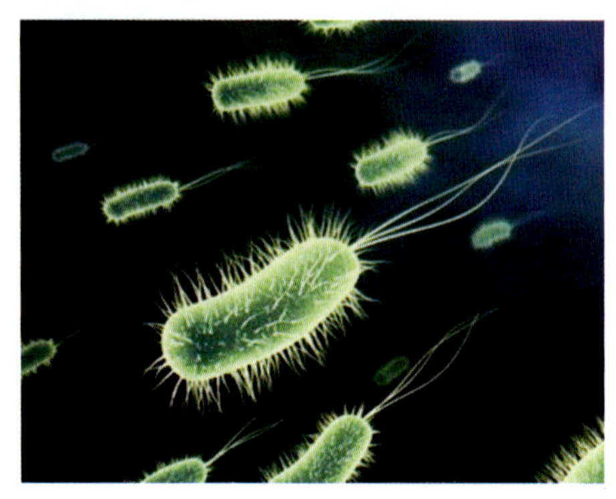

图 1—2—9　细菌鞭毛

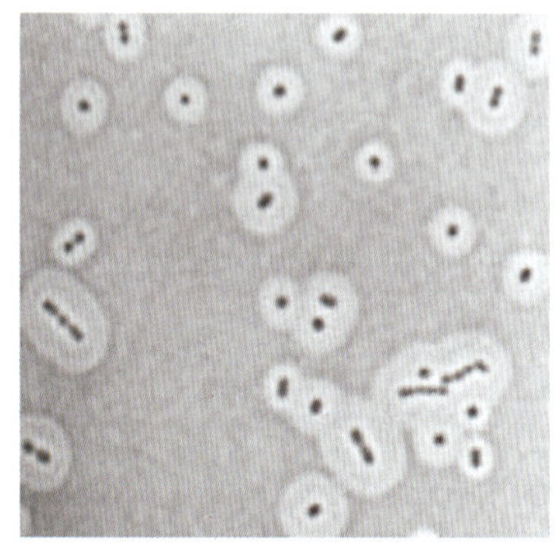

图 1—2—10　产荚膜

三、细菌的繁殖

细菌一般进行无性繁殖。最主要的是二分裂法繁殖方式，即一个细菌细胞的细胞壁横向分裂，形成两个大小相等的子代细胞，如图 1—2—11 所示。

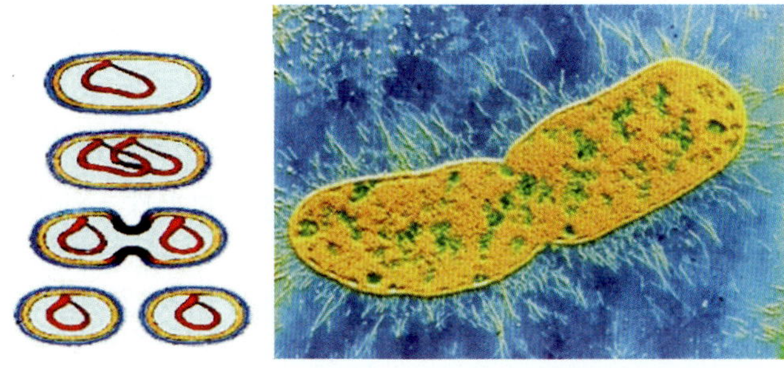

图 1—2—11　细菌二分裂法繁殖

细菌分裂可分为四步：第一步是核复制，细胞延长；第二步是形成横隔膜；第三步是形成明显的细胞壁；第四步是细胞分裂，子细胞分离。

除无性繁殖外，已证明细菌还存在着有性繁殖，不过频率很低。

四、细菌的染色方法

细菌菌体微小，而且折光率低，在显微镜下，特别是在油镜下几乎与背景无反差，很难看清楚。如将其染色，使折光率增大，与环境形成鲜明对比，可以清楚地观察到细菌的形态、排列及某些结构特征。由于菌体的性质及各部分对某些染料的着色性不同，因此可以利用不同的染色方法来区别不同的细菌及其结构。

微生物染色方法一般分为简单染色法和复染色法两种。简单染色法是用一种染料对微生物进行染色，但不能鉴别微生物。复染色法是用两种或两种以上的染料对微生物进行染色，有协助鉴别微生物的作用，故也称鉴别染色法。常用的复染色法有革兰氏染色法和抗酸性染色法，此外还有鉴别细胞各部分结构的（如芽孢、鞭毛、细胞核等）特殊染色法。食品微生物检验中常用的是简单染色法和革兰氏染色法。

1. 简单染色法

简单染色法是利用单一染料对细菌进行染色的一种方法。适用于菌体一般形态的观察。常用碱性染料进行染色，如美蓝、结晶紫、碱性复红等。细菌简单染色法的操作步骤如下：

（1）涂片。取干净载玻片，滴一滴无菌蒸馏水于载玻片中央，将接种环在火焰上烧红，待冷却后从斜面挑取少量菌种与载玻片上的水滴混匀，在载玻片上涂布成一均匀薄层，涂布面不宜过大。

（2）干燥。最好在空气中自然晾干，为了加速干燥，可在微小火焰上方烘干。但不宜在高温下长时间放置，否则急速失水会使菌体变形。

（3）固定。将已干燥的涂片正面朝上，在微小火焰上通过 2 ~ 3 次，由于加热使蛋白质凝固而固着在载玻片上。

（4）染色。在载玻片上滴加染色液（石碳酸复红、草酸铵结晶紫或美蓝任选一种），使染色液铺盖涂有细菌的部位作用约 1 min。

（5）水洗。倾去染色液，斜置载玻片，在水龙头下用小股水流冲洗，直至水呈无色。

（6）干燥。将载玻片倾斜，用吸水纸吸去涂片边缘的水珠（注意勿将细菌擦掉）。

菌体染色后呈现的颜色，如图 1—2—12 所示。

2. 革兰氏染色法

（1）革兰氏染色法的原理。革兰氏染色法是细菌学上最经典的、使用最广泛的一种染色方法。由丹麦细菌学家 Christian Gram 于 1883 年创立。

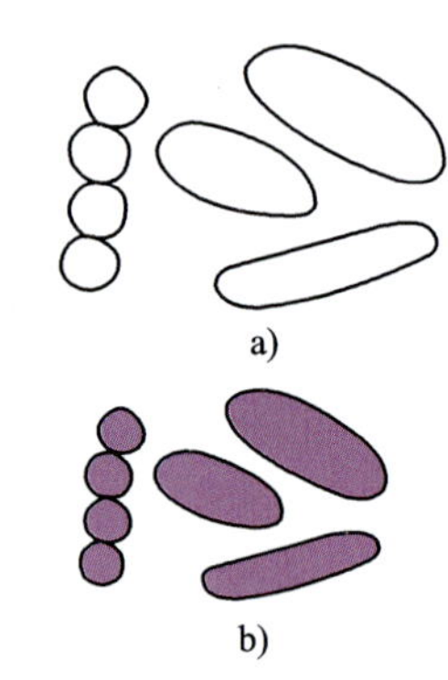

图 1—2—12　菌体染色前后的颜色
a）染色前　b）染色后

细菌革兰氏染色不仅可以观察其形态，而且可根据染色结果将细菌分为两大类，即革兰氏阳性菌（G^+ 菌），染色后呈紫色；革兰氏阴性菌（G^- 菌），染色后呈红色。革兰氏染色的原理是基于细菌细胞壁的结构和化学组成的不同。革兰氏阳性菌由于其细胞壁较厚，肽聚糖网层次较多且交联致密，故遇乙醇或丙酮脱色处理时，因失水反而使网孔缩小，再加上它不含类脂，故乙醇处理不会出现缝隙，因此能把结晶紫与碘复合物牢牢地留在壁内，使其仍呈紫色；而革兰氏阴性菌因其细胞壁薄，外膜层类脂含量高，肽聚糖层薄且交联度差，在遇脱色剂后，以类脂为主的外膜迅速溶解，薄而松散的肽聚糖网不能阻挡结晶紫与碘复合物的溶出，因此通过乙醇脱色后仍无色，再经沙黄等红色染料复染，就使革兰氏阴性菌呈红色。

细菌革兰氏染色操作流程如图 1—2—13 所示。

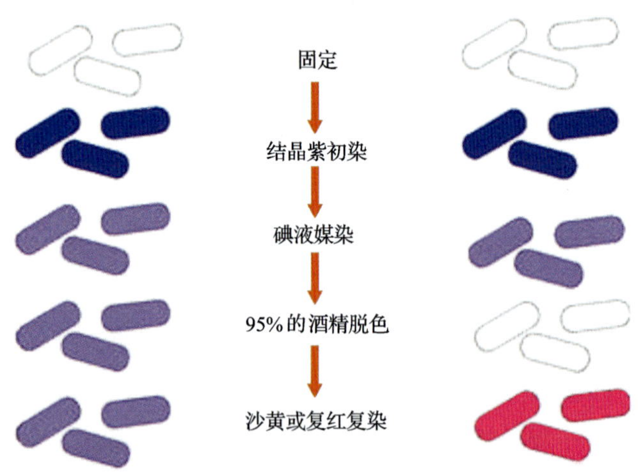

图 1—2—13　细菌革兰氏染色操作流程

（2）革兰氏染色法的实际应用意义。革兰氏染色法可把细菌分为革兰氏阳性菌和革兰氏阴性菌两大类；革兰氏阳性菌和革兰氏阴性菌的致病性不同，所致疾病各异；对革兰氏阳性菌和革兰氏阴性菌应选择不同抗菌物治疗。

五、常用染色剂

微生物染色时使用染色剂。染色剂通过渗透、吸附、吸收和毛细作用等方式进入细胞。微生物学中使用的染色剂主要是苯的衍生物，主要分为以下三类：

1. 酸性染色剂

酸性染色剂包括伊红、刚果红、藻红、苯胺黑、苦味酸和酸性复红等。

2. 碱性染色剂

微生物实验室一般常用的碱性染色剂有美蓝、甲基紫、结晶紫、碱性复红、中性红、孔雀绿和番红等，一般情况下细菌易被碱性染色剂染色。

石碳酸复红染色液：着色快，时间短，菌体呈红色。

美蓝染色液：着色慢，时间长，效果清晰，菌体呈蓝色。

草酸铵结晶紫染色液：染色迅速，着色深，菌体呈紫色。

3. 中性染色剂

酸性染色剂与碱性染色剂的结合物叫作中性染色剂，如基姆萨氏染料等，常用于细胞核的染色。

【任务实施】

细菌染色是微生物检测的基本技术，主要应用于微生物的分类鉴定。

一、微生物染色准备工作

1．仪器与工具

配图	名称及规格	说明
	显微镜	普通光学显微镜，含有镜头

续表

配图	名称及规格	说明
	工具 （1）酒精灯 （2）擦镜纸 （3）玻片架 （4）接种环 （5）记号笔 （6）洗瓶 （7）废液缸	1）载玻片如有油渍，可用纱布蘸95%的乙醇擦洗干净 2）用记号笔在载玻片一侧注明菌名或菌号

2. 实验材料

配图	名称及规格	说明
	菌种 （1）大肠杆菌 （2）枯草芽孢杆菌 （3）乳酸杆菌 （4）金黄色葡萄球菌	1）染色前一天培养菌种，控制培养时间 2）菌种无污染
	染色剂 （1）结晶紫染色液 （2）卢戈氏碘液 （3）95%的乙醇 （4）石碳酸复红液或沙黄	碘液配制后，应装在密闭的暗色瓶内储存。如因储存不当，部分碘将挥发或被还原，试液由原来的红棕色变为淡黄色，以致影响固定作用，不宜再用
香柏油	其他试剂 （1）8.5%的生理盐水 （2）香柏油 （3）二甲苯	二甲苯（或乙醚∶乙醇为7∶3的混合液）用于清洗油镜

二、操作步骤

1. 大肠杆菌简单染色

配图	操作方法	操作说明
	（1）涂片 1）取洁净载玻片，在载玻片中央滴加半滴蒸馏水	涂片不宜过厚，否则菌体密集、重叠影响脱色效果，造成假阳性。涂布面直径约为 1 cm
	2）接种环用酒精灯灭菌，冷却后挑取少量菌种，与蒸馏水充分混匀	接种环每次使用前后均应在火焰上灼烧灭菌，冷却后使用
	（2）干燥。涂片最好在室温下自然干燥	可将载玻片置于酒精灯火焰上方缓慢烘干，以载玻片不烫手为宜
	（3）固定。将干燥后的涂片用片夹夹住，使涂抹面向上缓慢通过火焰 3 次，然后自然冷却	固定可使细菌固着于载玻片上。火焰固定不宜过热，以载玻片不烫手为宜，否则易使菌体细胞变形

续表

配图	操作方法	操作说明
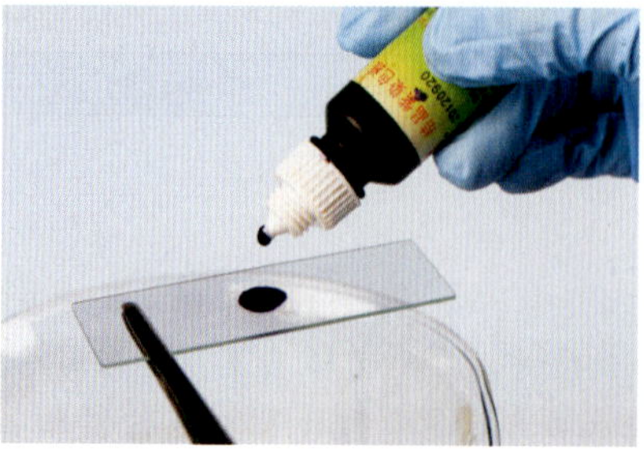	（4）染色。放平载玻片，加一滴结晶紫染色液于菌膜上，染色 1 ～ 2 min	染色液覆盖上菌膜即可
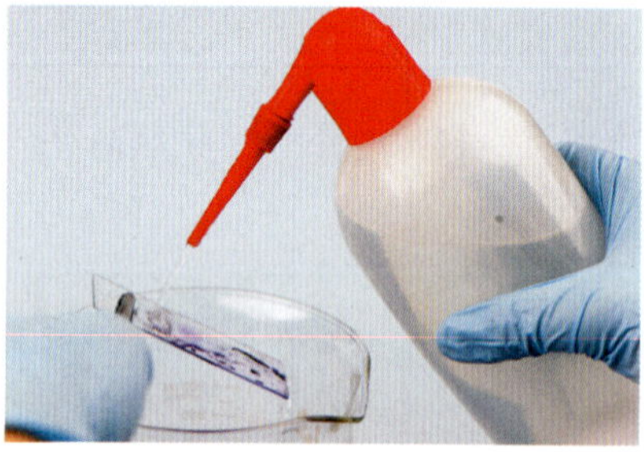	（5）水洗。用清水冲洗掉染色液，直至流下来的水为无色	1）水流不宜过急，勿直接冲洗菌膜处，以免菌膜脱落 2）用水冲洗后，应吸去载玻片上的残水，以免染色液被稀释而影响染色效果
	（6）干燥。用滤纸吸干多余水分，自然干燥	为加速干燥，可在酒精灯上方稍微加热，切勿靠近火焰
	（7）镜检 1）在低倍镜下找到观察区域后，将油镜转到工作位置 2）在载玻片菌膜上滴一滴香柏油 3）调节焦距，直至视野中出现清晰的物像	油镜使用后用擦镜纸蘸少许二甲苯擦去镜头上残留的油渍

续表

配图	操作方法	操作说明
	（8）绘图。绘制菌体形态图	以视野内分散细胞的染色反应为标准

2. 大肠杆菌、枯草芽孢杆菌、乳酸杆菌、金黄色葡萄球菌革兰氏染色

配图	操作方法	操作说明
	（1）制片 1）取洁净载玻片，中央滴加半滴蒸馏水 2）接种环用酒精灯灭菌，冷却后挑取少量菌种，与蒸馏水充分混匀	注意不能挑取过多菌种，以免菌膜过厚影响染色效果
	（2）初染。滴加结晶紫（以刚好将菌膜覆盖为宜）于载玻片的涂面上，染色 1～2 min，倾去染色液，用细水流冲洗至洗出液为无色，用吸水纸吸干	染色液覆盖上菌膜即可
	（3）媒染。用卢戈氏碘液媒染约 1 min，水洗	碘液是媒染剂，使结晶紫染色液与细菌结合更牢固

续表

配图	操作方法	操作说明
	（4）脱色。用滤纸吸去载玻片上的残水，将载玻片倾斜，在白色背景下，用滴管滴加95%的乙醇脱色，直至流出的乙醇无紫色时，立即水洗，终止脱色，用吸水纸吸干	革兰氏染色结果是否正确，乙醇脱色是关键环节。脱色不足，阴性菌被误染成阳性菌；脱色过度，阳性菌被误染成阴性菌。脱色时间一般为20～30 s
	（5）复染。在涂片上滴加番红液复染2～3 min，水洗，然后用吸水纸吸干	染色液覆盖上菌膜即可，在染色过程中不可使染色液干涸
	（6）干燥。用滤纸吸干多余水分，自然干燥或在火焰上方加热干燥	同简单染色法
	（7）镜检、绘图 1）用油镜观察 2）判断两种菌体染色反应 3）绘制菌体形态图	菌体被染成蓝紫色的是革兰氏阳性菌（G^+），被染成红色的是革兰氏阴性菌（G^-）

三、操作过程记录

1．填写实验记录

细菌染色原始记录表见表1—2—2。

表 1—2—2 细菌染色原始记录表

记录人： 日期：

菌种	G^+	G^-	菌体颜色	有无芽孢	菌体形态	所用染色剂
大肠杆菌						
枯草芽孢杆菌						
乳酸杆菌						
金黄色葡萄球菌						

2. 绘图

大肠杆菌	枯草芽孢杆菌	乳酸杆菌	金黄色葡萄球菌
放大倍数：	放大倍数：	放大倍数：	放大倍数：

【考核评价】

考核点	考核标准	配分	得分
染色前的准备	试剂准备充分	20	
	实验工具准备齐全		
涂片	接种环酒精消毒正确	10	
	菌体量、菌膜厚度适当		
	菌膜晾干方法正确		
	火焰固定方法正确		
结晶紫染色	染色液完全覆盖菌膜	10	
	染色时间控制准确		
脱色	酒精脱色时间控制准确	10	
水洗	冲洗位置正确	10	
	水流控制适当		
复染	染色液完全覆盖菌膜	10	
	染色时间控制准确		
镜检、绘图	正确调节、使用显微镜	10	
	绘图方法正确		
实验过程管理	保持实验台面整洁	10	
	实验废液处理方法正确	10	
合计		100	

【思考与练习】

1. 细菌包括哪些结构？简述细胞壁和细胞膜的功能。
2. 为什么要进行细菌染色？
3. 制作细菌染色涂片应注意哪些问题？
4. 革兰氏染色的原理是什么？有什么意义？
5. 革兰氏染色的关键步骤是什么？
6. 为什么涂片需要加热固定？如果不固定会出现哪些问题？
7. 两人一组，分别练习细菌简单染色和革兰氏染色，并绘图。

任务3　霉菌的制片及形态观察

【学习目标】

1. 了解霉菌的生长特性与繁殖。
2. 掌握霉菌的形态结构与应用。
3. 熟悉常见霉菌的菌落特征。
4. 能用不同的方式对霉菌进行制片观察。
5. 小组协作，根据霉菌的观察结果完成霉菌特征的描述。

【任务引入】

某抗生素制药厂在生产过程中发现菌株的生产特性有所改变，为了查找原因，首先必须对生产用的青霉菌进行观察。本任务将对该青霉菌的形态进行观察。

【任务分析】

在对青霉菌的观察任务中，首先要对霉菌进行培养，在其典型时期进行制片，用显微镜进行观察，以确定后续工作。在该任务中霉菌的制片是完成该任务的关键。

【相关知识】

霉菌不是分类学名词，而是丝状真菌的统称。凡是在营养基质上能形成绒毛状、网状或絮状菌丝体的真菌（除少数外），统称为霉菌。霉菌在自然界中广泛存在，一般情况下，霉菌在潮湿的环境下易于生长，特别是在偏酸性的基质中。霉菌容易引起食品、水果、蔬菜的发霉、变质，还能产生很强的霉菌毒素，使人畜中毒，严重的会引起癌变。但霉菌在带给人们烦恼的同时，也是一种重要的生物资源，如用于生产青霉素、头孢霉素等抗生素，也可用于纤维素酶、淀粉酶、蛋白酶的生产；在食品工业中常用于酿酒、制酱及酱油的生产等。

一、霉菌的形态与结构

霉菌是异养的真核生物，具有丝状或管状结构，单个分支称为菌丝。菌丝通过顶端生长进行延伸，并多次重复分支而形成微细的网络结构，称为菌丝体，结构如图1—3—1所示。菌丝外部是坚硬的细胞壁，内含大量真核生物的细胞器，如细胞核、线粒体、核糖体、内质网等，如图1—3—2所示。菌丝内细胞质的组分趋向于生长点的位置，菌丝较老的部位有大量液泡，并可能与较幼嫩的区域以横隔（称为隔膜）分开。

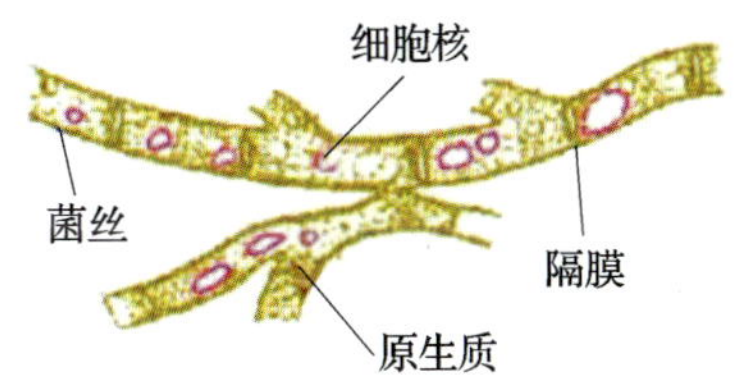

图1—3—1　霉菌的菌丝体结构

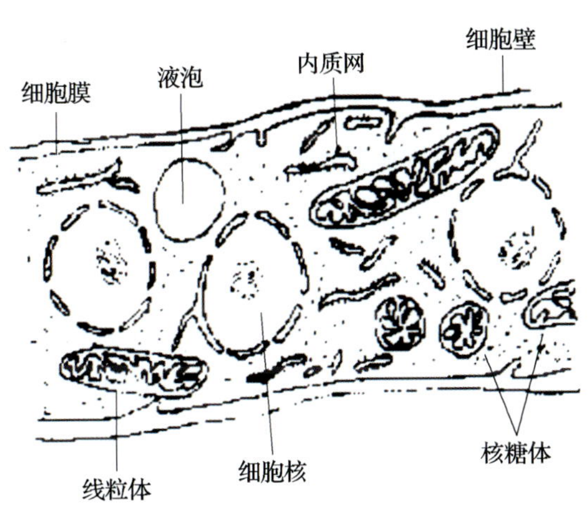

图1—3—2　霉菌的细胞结构

按照有无横隔，菌丝分为有隔菌丝和无隔菌丝两种。有隔菌丝中有横隔膜，将菌丝分隔成多个细胞，在菌丝生长过程中细胞核的分裂伴随着细胞的分裂，每个细胞含有一个或多个细胞核。横隔膜可以使相邻细胞之间的物质相互沟通。无隔菌丝中无横隔膜，整个细胞是一个单细胞，菌丝内有许多核，在生长过程中只有核的分裂和原生质的增加，没有细胞数目的增加。

按照菌丝的功能，菌丝分为营养菌丝、气生菌丝和繁殖菌丝。霉菌在固体基质上生长时，菌丝有所分化，部分菌丝深入基质吸收养料，称为营养菌丝（基内菌丝）；部分向空中伸展，称为气生菌丝；气生菌丝可进一步发育为繁殖菌丝（孢子丝），产生孢子，如图 1—3—3 所示。有时为适应不同环境，许多霉菌的菌丝体可以特化成一些特殊形态，如假根等。

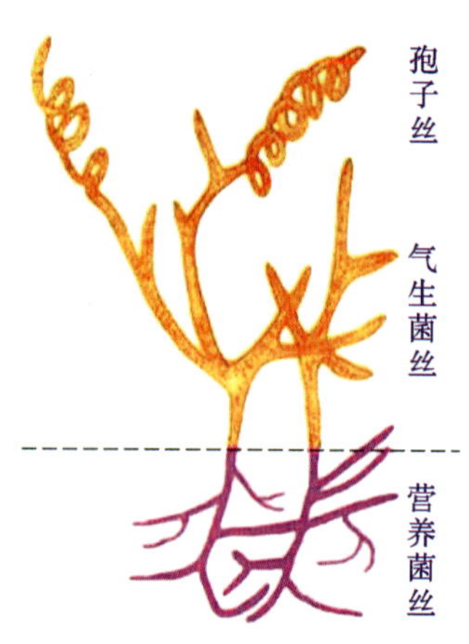

图 1—3—3 霉菌的菌丝结构

二、霉菌的生长特性

霉菌能在 pH 值为 3.0 ~ 8.5 的环境中生长，但多数霉菌喜欢酸性环境，适宜的 pH 值为 6.0 ~ 6.5。霉菌生长一般是需要氧气的，多数霉菌的适宜生长温度为 20 ~ 30℃。霉菌对干燥的耐受性比细菌要强，故能在含水量很低的物质上生长，有些霉菌还能耐受高渗透压的糖溶液和盐溶液。

三、霉菌的繁殖

霉菌可以借助菌丝断片进行繁殖，也可以借助有性或无性孢子进行繁殖。

1. 霉菌的无性繁殖

无性繁殖是指不经过两个性细胞的结合，只是由营养细胞分裂或分化而形成同种新个体的过程。霉菌的无性繁殖主要通过产生以下四种类型的无性孢子来实现。

（1）孢囊孢子。孢囊孢子由于生于孢子囊内，故又称内生孢子。孢子囊是气生菌丝顶端膨大形成的特殊囊状结构，孢子囊逐渐长大，在囊中形成许多核，每一个核外包以原生质并产生细胞壁，形成孢囊孢子，其结构如图 1—3—4 所示。带有孢子囊的梗称为孢子梗,孢子梗伸入孢子囊中的部分叫作囊轴或中轴。孢子囊成熟后释放出孢子。藻状菌纲毛霉目及水霉目就属于这种繁殖方式。

（2）分生孢子。分生孢子是霉菌中常见的一类无性孢子，生于细胞外，所以又称外生孢子，是大多数子囊菌纲及全部半知菌的无性繁殖方式。分生孢子是由菌丝顶端细胞或由分生孢子梗顶端细胞经过分割或缢缩而形成的单个或成簇的孢子。其形状、大小、结构、着生方式、颜色等因种而异，如图 1—3—5 所示为曲霉的分生孢子。分生孢子梗的顶端膨大形成球形顶囊，孢子着生于顶囊的小梗之上。青霉的分生孢子着生在帚状、多分支的小梗上，如图 1—3—6 所示。还有些霉菌的分生孢子着生在分生孢子垫或分生孢子器等特殊构造上。

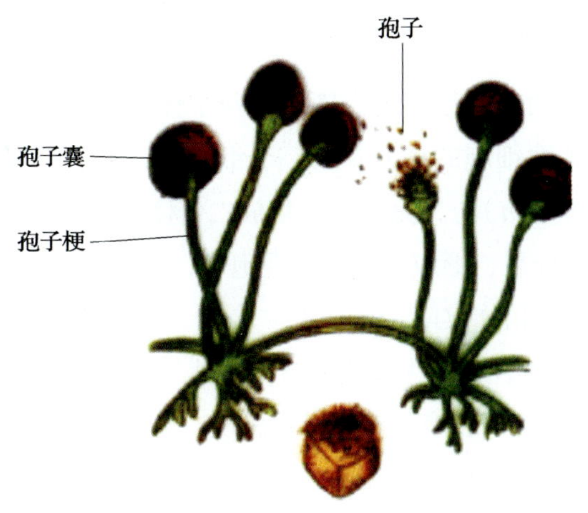

图 1—3—4　孢囊孢子及其结构

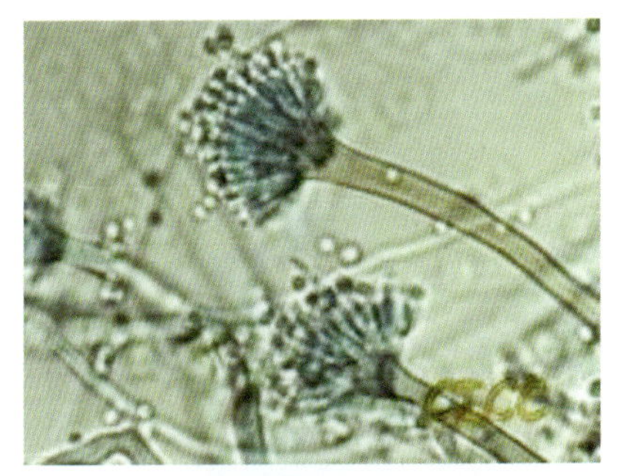

图 1—3—5　曲霉的分生孢子

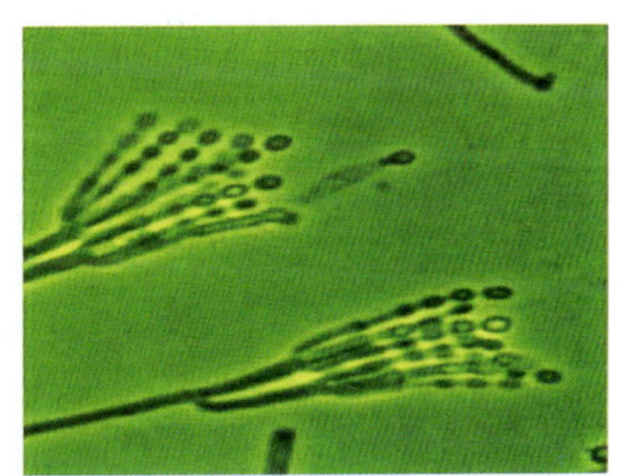

图 1—3—6　青霉的分生孢子

（3）节孢子。节孢子又称粉孢子，是由菌丝断裂形成的外生孢子，当菌丝长到一定阶段时，出现许多横隔膜，然后从横隔膜处断裂，产生许多短柱状、筒状或两端钝圆的孢子，如图 1—3—7 所示。

（4）厚垣孢子。这类孢子具有很厚的壁，又称厚壁孢子，如图 1—3—8 所示。菌丝顶端或中间的个别细胞膨大，原生质浓缩、变圆，然后细胞壁加厚形成圆形、纺锤形或长方形的厚壁孢子。厚垣孢子也是霉菌的休眠体，对高温、干燥等不良环境抵抗力很强。

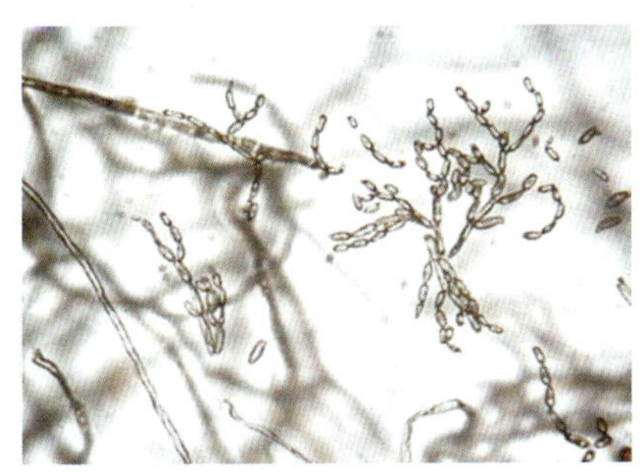

图 1—3—7　节孢子

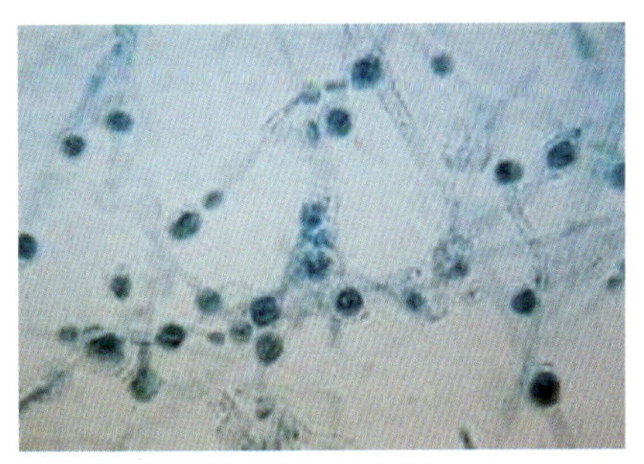

图 1—3—8　厚垣孢子

2. 霉菌的有性繁殖

有性繁殖是指经过两个性细胞结合而产生新个体的过程。有性繁殖一般包括三个阶段：一是质配，两个性细胞的核共存于一个细胞中，形成双核细胞，每个核的染色体数目都是单倍的（即 $n+n$）；二是核配，形成二倍体接合子，核的染色体数目是双倍的（即 $2n$）；三是减数分裂，形成单倍体有性孢子，核的染色体数目是单倍的（即 n）。大多数霉菌是单倍体，二倍体仅限于接合子。

在霉菌中，有性繁殖不如无性繁殖普遍，有性繁殖多发生在特定的条件下，往往在自然条件下发生较多，在一般培养基上不常出现。不同的霉菌，有性繁殖的方式不同。多数霉菌由菌丝分化形成特殊的性细胞（器官）——配子囊，或由配子囊产生的配子（雄器和雌器）相互交配，形成有性孢子。常见的有性孢子有卵孢子（见图 1—3—9）、接合孢子（见图 1—3—10）、子囊孢子（见图 1—3—11）和担孢子（见图 1—3—12）。

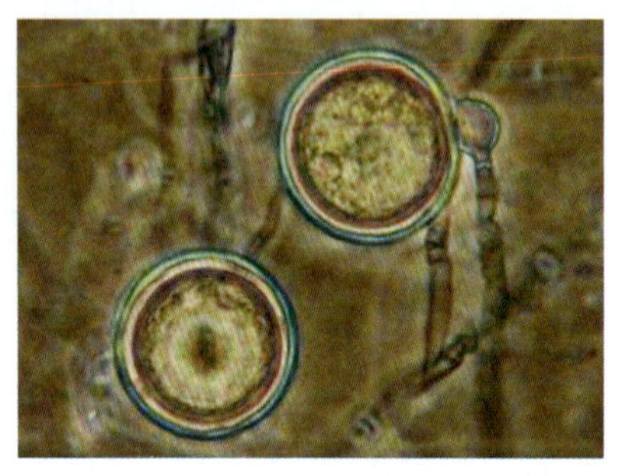

图 1—3—9　卵孢子

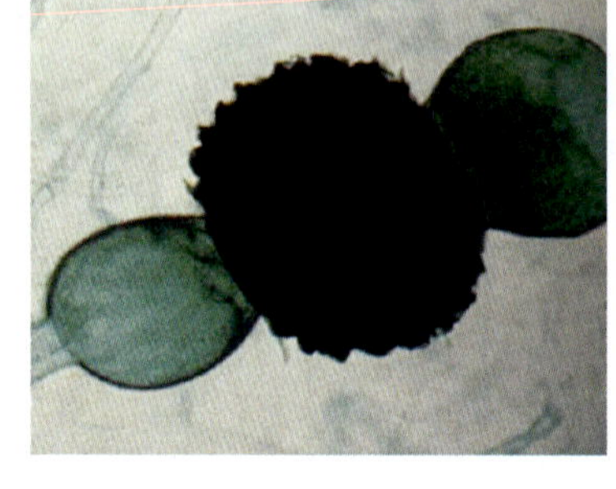

图 1—3—10　接合孢子

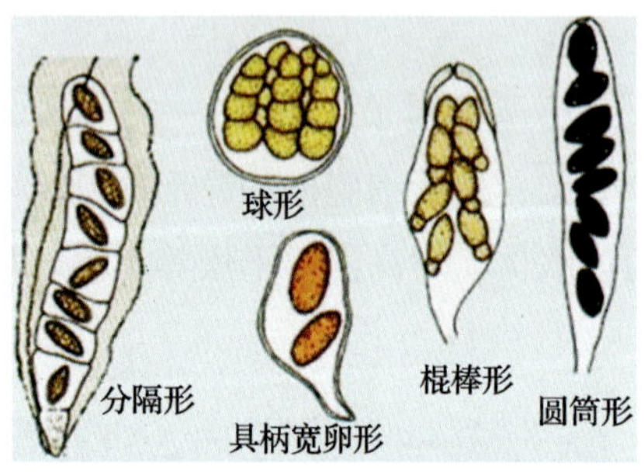

图 1—3—11　子囊孢子

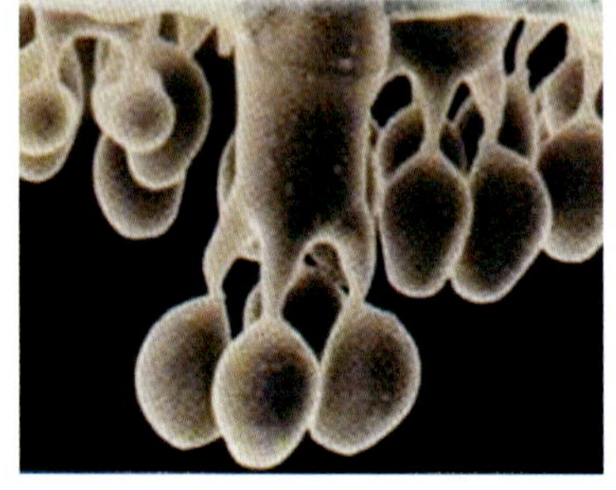

图 1—3—12　担孢子

四、常见的霉菌及其特征

常见的霉菌有根霉菌、毛霉菌、曲霉菌和青霉菌等，不同形态的霉菌菌落如图 1—3—13 所示，常见霉菌及其特征见表 1—3—1。

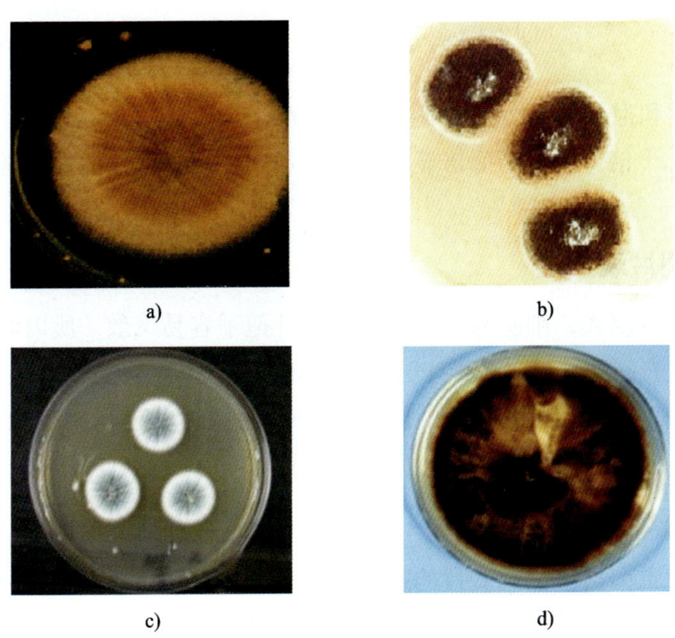

图 1—3—13　不同形态的霉菌菌落

a）土曲霉的菌落　b）黑曲霉的菌落　c）点青霉的菌落　d）黑根霉的菌落

表 1—3—1　常见霉菌及其特征

常见霉菌	形态特征	应用
根霉菌，如黑根霉、米根霉、华根霉、无根霉等	根霉的营养菌丝体上产生匍匐枝、假根，在有假根处的匍匐枝上着生成群的孢子梗，梗的顶端膨大形成孢子囊，囊内产生孢子。孢子囊呈球形、卵形或不规则形状	根霉的用途很广泛，其淀粉酶活力很强，在酿酒工业上多用作淀粉质原料酿酒的糖化菌。根霉还能产生乳酸、琥珀酸等有机酸
毛霉菌，如高大毛霉、鲁氏毛霉、总状毛霉等	毛霉的菌丝体在基质上或基质内能广泛蔓延，无假根和匍匐枝，一般单生，分支较少或不分支。分支顶端都有膨大的孢子囊，孢子囊呈球形	毛霉的用途很广泛，常出现在酒药中，能糖化淀粉，并能生成少量乙醇，产生蛋白酶，我国多用来做豆腐乳、豆豉
曲霉菌，如黑曲霉、米曲霉、黄曲霉等	曲霉的菌丝体由具有横隔的分支菌丝构成，通常无色，老熟时渐变为浅黄色至褐色。顶囊表面生辐射状小梗，小梗单层或双层，小梗顶端分生孢子串	曲霉具有多种活性强大的酶系，可用于工业生产。黑曲霉能产生多种有机酸，如抗坏血酸、柠檬酸、葡萄糖酸和没食子酸等
青霉菌，如产黄青霉、橘青霉、点青霉等	青霉的营养菌丝体无色、淡色或具鲜明颜色。有横隔，分生孢子梗也有横隔，光滑或粗糙，基部无足细胞，顶端形成扫帚状的分支，称为帚状枝	青霉在工业上有很高的经济价值。如青霉素生产、干酪加工及有机酸的制造等。也有不少青霉是水果、食品及工业产品的有害菌

五、霉菌的形态观察方法

霉菌的菌丝和孢子的宽度要比细菌和放线菌粗得多（3 ~ 10 μm），通常是细菌宽度的几倍甚至几十倍，因此用低倍显微镜即可观察。观察霉菌的形态常用以下几种方法：

1. 直接制片观察法

霉菌的菌丝较粗大，细胞易收缩变形，而且孢子容易飞散，所以制作标本时常将培养物置于乳酸石碳酸棉蓝染色液中，制成霉菌制片镜检。此法的特点是细胞不变形；具有杀菌、防腐作用，且不易干燥，能保持较长时间；能防止孢子飞散；溶液本身呈蓝色，能增强反差；必要时还可以用树胶封固，制成标本。

2. 载玻片培养观察法

此法是接种霉菌孢子于载玻片的适宜培养基上，接种后盖上盖玻片培养，霉菌即在载玻片和盖玻片之间的有限空间内沿着盖玻片横向生长。培养一段时间后，将载玻片上的培养物置于显微镜下观察。这种方法既可保持霉菌的自然生长状态，又便于观察不同生长时期的霉菌。

3. 玻璃纸培养观察法

此法是利用玻璃纸的半透膜特性及透光性，使霉菌生长在覆盖于琼脂培养基表面的玻璃纸上，然后将带菌的玻璃纸剪取一小片，贴放在载玻片上用显微镜观察。这种方法也可用于观察不同生长阶段的霉菌形态。

【任务实施】

一、实验准备

配图	名称及规格	
	仪器	（1）显微镜 （2）乳酸石碳酸棉蓝染色液 （3）20% 的甘油 （4）50% 的乙醇 （5）无菌吸管 （6）平皿 （7）载玻片 （8）盖玻片 （9）U 形玻璃棒 （10）解剖刀、解剖针 （11）玻璃纸

续表

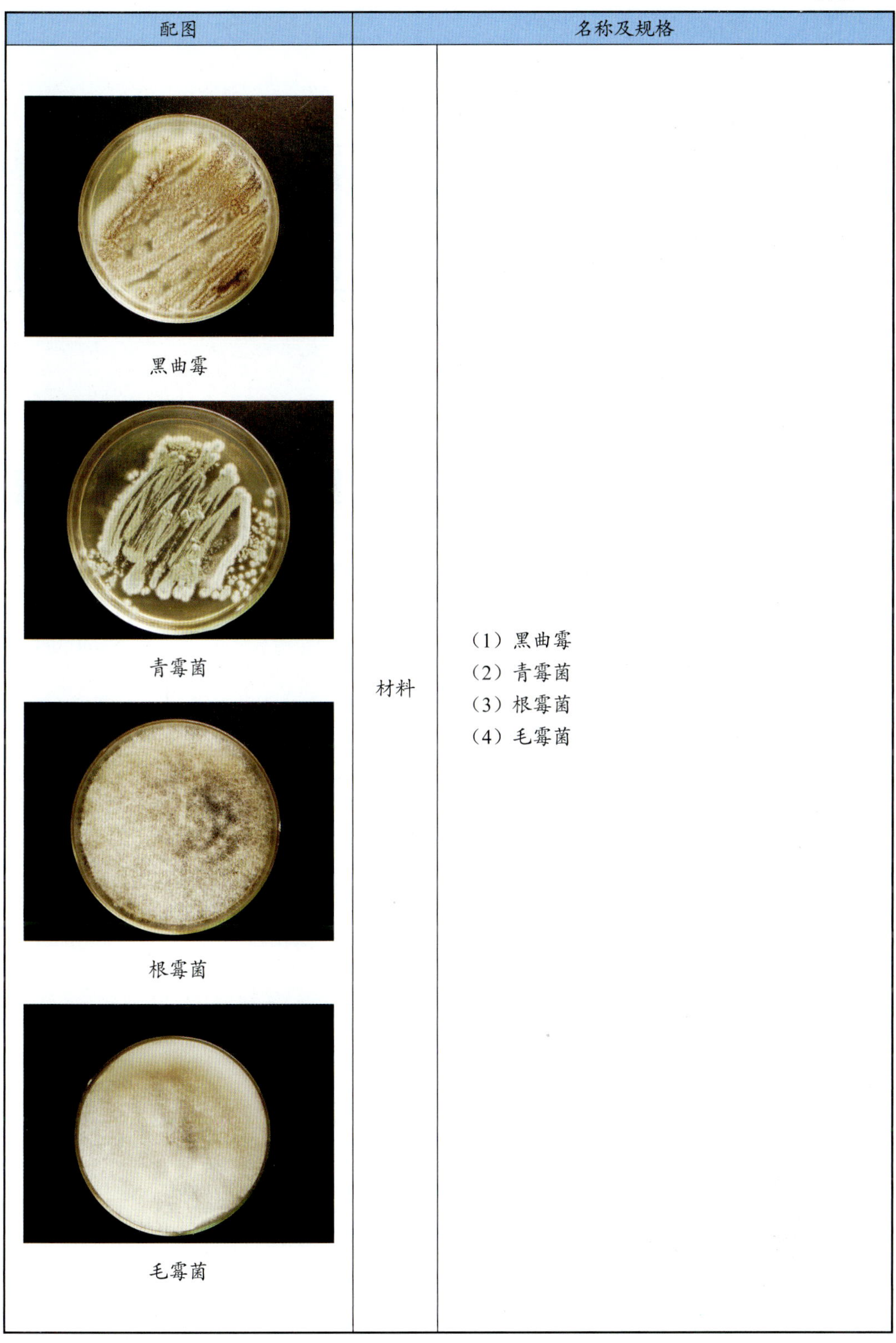

配图	名称及规格	
黑曲霉 青霉菌 根霉菌 毛霉菌	材料	（1）黑曲霉 （2）青霉菌 （3）根霉菌 （4）毛霉菌

续表

配图	名称及规格	
	培养基	（1）查氏琼脂培养基 （2）马铃薯琼脂培养基

二、操作步骤

1. 直接制片观察法

配图	操作方法	操作说明
	（1）制片。在洁净载玻片中央加一滴乳酸石碳酸棉蓝染色液	不要有气泡
	（2）用解剖针挑取曲霉培养基边缘带有少量孢子的菌丝	注意挑取位置
	（3）先在 50% 的乙醇中浸一下，洗去脱落的孢子，再置于染色液中	

续表

配图	操作方法	操作说明
	（4）小心地将菌丝挑散，盖上盖玻片	加盖玻片时注意不要产生气泡
	（5）镜检。先用低倍镜观察，必要时再换高倍镜	用同样的方法对曲霉、青霉、根霉、毛霉制片，观察菌丝、孢子及着生部位的构造

2. 载玻片培养观察法

配图	操作方法	操作说明
	（1）培养小室的灭菌。在平皿皿底铺一张略小于皿底的圆滤纸片，再放一支U形玻璃棒，在其上放一洁净载玻片和两块盖玻片，盖上皿盖并包扎后于121℃的温度下灭菌30 min，烘干备用	制作套数根据需要而定
	（2）琼脂块的制作。分别取已灭菌并溶化冷却至约50℃的马铃薯琼脂培养基6～7 mL注入另一灭菌空平皿中，使之凝固成薄层。在凝固后的平板背部用记号笔画出1～1.2 cm×1～1.2 cm的方格，通过无菌操作，用解剖刀沿画下的方格线将其切成方形的琼脂块	解剖刀使用前应先在酒精中浸泡，然后在酒精灯上灼烧，冷却后再进行切割操作

续表

配图	操作方法	操作说明
	（3）接种。用已灭菌的接种针挑取少量霉菌孢子，接种于琼脂块的边缘，用镊子将盖玻片盖在琼脂块上，再轻轻地盖上盖子	注意无菌操作，接种量要少，否则培养的菌丝过于稠密会影响观察。盖玻片不要盖得太紧，要留有小缝隙
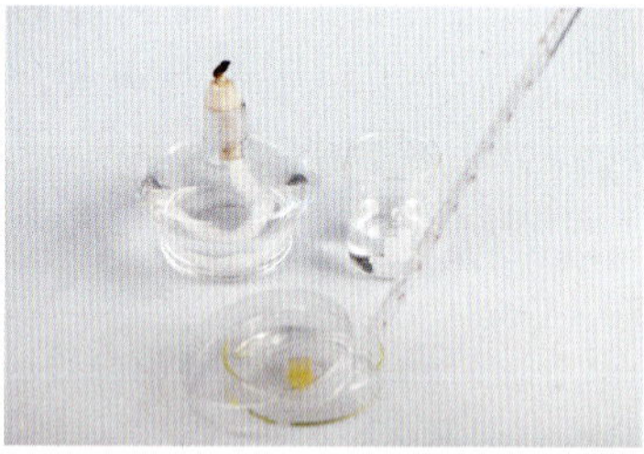	（4）培养。在培养皿的滤纸上加3～5 mL无菌的20%的甘油，用于保持皿内湿度，置于28℃下培养	注意无菌操作，培养皿应放正
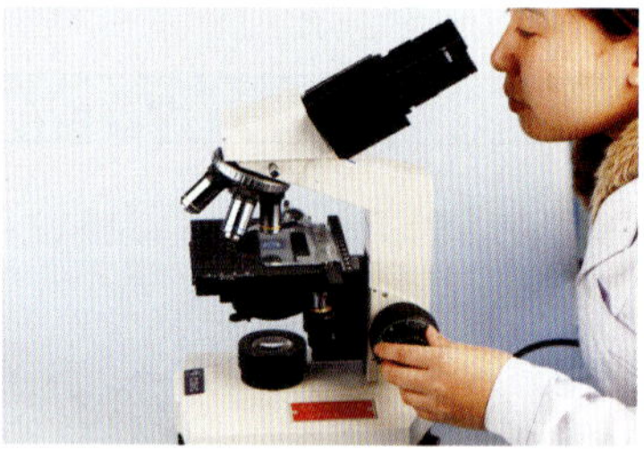	（5）观察。根据需要可以在不同的培养时间内取出载玻片置于低倍镜下观察，必要时换高倍镜	

3. 玻璃纸培养观察法

配图	操作方法	操作说明
	（1）向霉菌斜面试管中加入5 mL无菌水，振荡洗下霉菌上的孢子，制成孢子悬浮液	振荡时避免孢子悬浮液溅湿试管塞

续表

配图	操作方法	操作说明
	（2）用无菌镊子将已灭菌的、直径与培养皿相同的圆形玻璃纸覆盖于查氏琼脂培养基上	覆盖时由一端至另一端缓慢进行，以免产生气泡
	（3）用 1 mL 无菌吸管吸取 0.1 mL 孢子悬浮液于上述铺有玻璃纸的平板上，并用无菌玻璃棒涂抹均匀	
	（4）置于 28℃的培养箱培养 48 h，取出培养皿，打开皿盖，用镊子将玻璃纸与培养基分开，再用剪刀剪取一小片玻璃纸置于载玻片上，用显微镜观察	注意选取生长适当的位置观察

三、观察及记录

画出所观察的霉菌并描述其特征，填入表 1—3—2 中。

表 1—3—2　　　　霉菌观察结果及记录

观察方法：　　　　观察时间：　　　　检验员：

菌种	放大倍数	视野中的霉菌	特征描述
黑曲霉			
青霉菌			
根霉菌			
毛霉菌			

【考核评价】

考核点	考核标准	配分	得分
实验准备	仪器准备齐全，并摆放整齐	10	
	霉菌菌种准备齐全、生长良好		
	查氏琼脂培养基和马铃薯琼脂培养基配制正确		
直接制片观察法	挑取霉菌位置合适，挑取量适宜	15	
	菌丝挑散分布均匀		
	制片无气泡		
载玻片培养观察法	培养小室制作正确，灭菌彻底	20	
	琼脂块大小合适，无破损		
	接种量适宜，盖玻片不要太紧		
	培养条件正确，培养时间适宜		
玻璃纸培养观察法	孢子悬浮液制备正确	20	
	玻璃纸大小合适，轻覆于查氏琼脂培养基平板上		
	菌悬液吸取准确，玻璃棒涂抹均匀		
	培养正确，剪取玻璃纸部位适宜		
观察及记录	会正确使用显微镜	20	
	观察细致，能准确描述曲霉、青霉、根霉、毛霉在显微镜下的形态及孢子特征		
报告	根据显微特征，正确辨别所观察的霉菌	15	
	正确报告结果，用语准确、恰当		
合计		100	

【思考与练习】

1. 简述霉菌的菌落特征。
2. 简述载玻片培养观察霉菌的操作流程。
3. 探讨霉菌在日常生活中还有哪些应用。

任务 4　酵母菌形态观察及显微镜计数

【学习目标】

1. 掌握酵母菌的定义、形态和细胞结构。

2. 了解微生物细胞数目的测定方法。
3. 能够熟练地进行样品稀释。
4. 能够正确使用血球计数板进行酵母菌细胞计数。

【任务引入】

在啤酒酵母菌种扩大培养和啤酒发酵期间，需要定期检查菌种扩培液和啤酒发酵液中的酵母数，因为酵母数是判断菌种在扩培阶段的生长繁殖情况和啤酒发酵工艺是否正常的重要指标之一。本任务将对啤酒发酵液中的酵母进行形态观察和计数。

【任务分析】

酵母菌是一种在适宜条件下进行出芽繁殖的单细胞真核微生物，其个体较大，在高倍显微镜下清晰可见。啤酒酵母在扩培阶段和发酵阶段生长很快，可以利用血球计数板在显微镜下直接进行测定，观察在一定容积中啤酒酵母的数目，推算出含菌量，进而判断所处的生长时期及生长是否正常。

利用血球计数板计数的关键是制片（样品稀释），合适的样品稀释度不但有利于观察和计数，而且关系到计数结果有无意义。

【相关知识】

一、酵母菌简述

酵母菌属于真核细胞微生物，与细菌有着本质的不同。凡是细胞核具有核膜，能进行有丝分裂，细胞质中存在完整细胞器的微小生物统称为真核微生物。真核微生物包括真菌（如酵母菌、霉菌等）、单细胞藻类和原生动物，如图 1—4—1 所示。

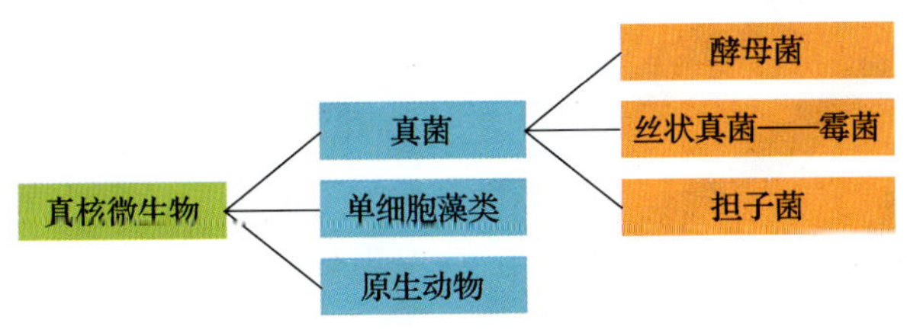

图 1—4—1　真核微生物的分类

酵母菌（见图 1—4—2）是指以出芽繁殖为主的低等单细胞真菌的总称。酵母菌种类繁多，现今已知的有几百种，它们分布广泛，主要在偏酸、潮湿、含糖较高的环境中生存，如果蔬、植物叶子表面及土壤中，在牛奶、动物排泄物以及空气中也有酵母

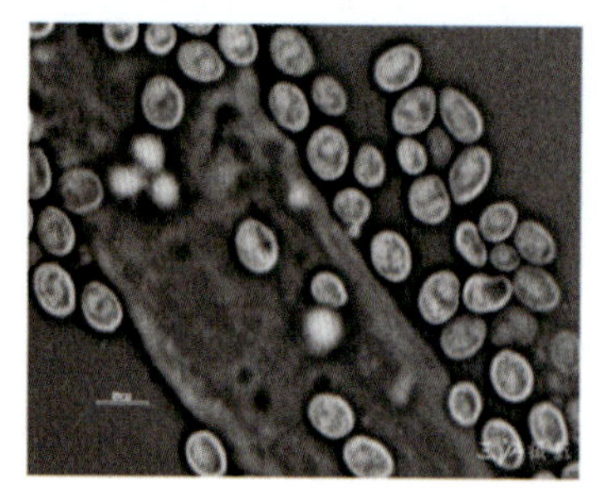

图 1—4—2　电子显微镜下的酵母菌

菌的存在。

我国人民利用酵母菌的实践可以追溯到几千年前，人们利用酵母菌酿造食品。随着社会的发展，酵母菌与人类的关系越来越密切，它在食品、医药、化工等行业中不可缺少。在食品行业中，酵母菌可用来酿酒，制作美味可口的面包，生产调味品等；在医药行业中，许多药品的生产都离不开酵母菌的参与，如核糖核酸、维生素 B、酶制剂等；在化工行业中，石油的脱蜡、石油凝固点的降低和各种有机酸的分解都离不开酵母菌。所以说，酵母菌对人们的衣食住行起到了重要作用。

二、酵母菌的形态和结构

1. 酵母菌的形态和大小

酵母菌是一群单细胞的真核微生物，其形态各异，通常为圆形、卵圆形或椭圆形，也有特殊形态，如柠檬形、三角形、藕节状、腊肠形、假菌丝等，如图 1—4—3 所示。细胞大小为 1 ~ 5 μm×5 ~ 30 μm，最大的可达 100 μm。

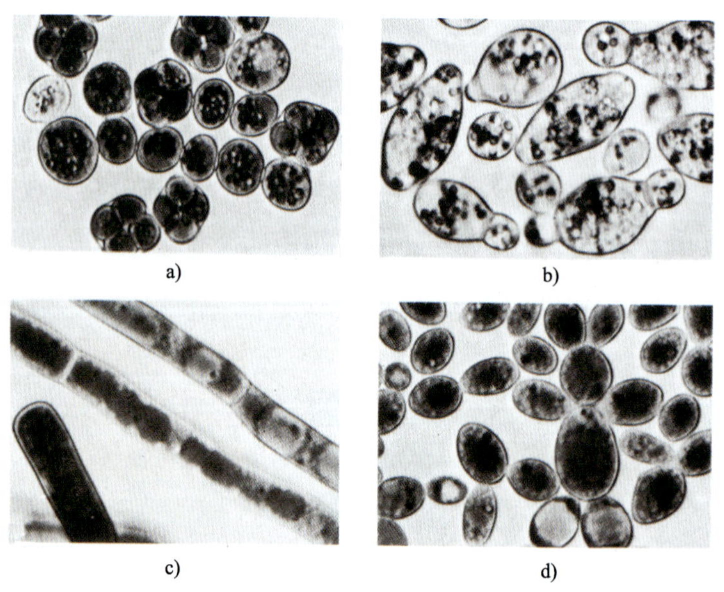

a)　b)　c)　d)

图 1—4—3　电子显微镜下的酵母菌形态各异

酵母菌的大小表示方法与细菌相同，球形酵母菌用其直径表示，椭圆形、卵圆形或长椭圆形酵母菌用其长和宽表示。酵母菌的大小、形态与菌龄、环境有关。一般成熟的细胞大于幼龄的细胞，液体培养的细胞大于固体培养的细胞。有些种类的酵母菌细胞大小、形态极不均匀，而有些种类的酵母菌则较均匀。

2. 酵母菌的细胞结构

酵母菌细胞与细菌细胞一样，具有细胞壁、细胞膜、细胞质等基本结构以及核糖体等细胞器，此外还具有真核细胞特有的结构和细胞器，如图 1—4—4 所示。因此，酵母菌细胞中还包含细胞核、液泡、线粒体、内质网、微体、微丝及内含物等，有的菌体还有出芽痕、诞生痕。

酵母菌细胞壁的主要成分是葡聚糖和甘露聚糖；细胞质中有线粒体、中心体、内质网和高尔基体等细胞器；细胞核是真核微生物所特有的结构，细胞核有核仁和核膜，DNA 与蛋白质结合形成染色体，能进行有丝分裂。电子显微镜下的面包酵母如图 1—4—5 所示。

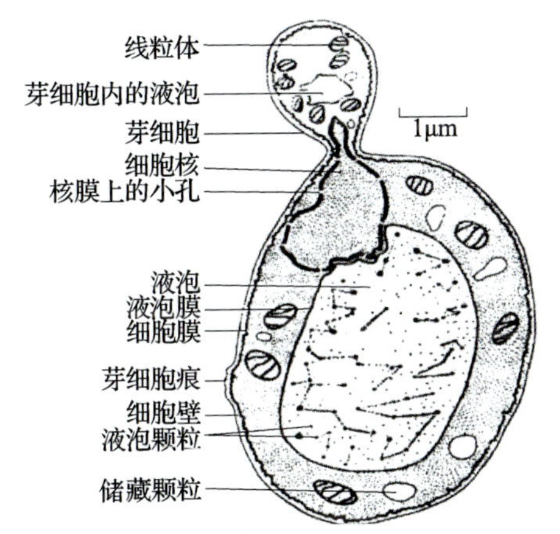

图 1—4—4　电子显微镜下酵母菌细胞的基本结构

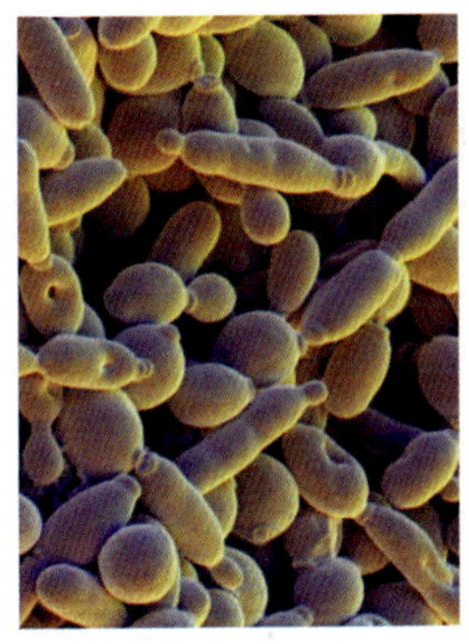

图 1—4—5　电子显微镜下的面包酵母

三、酵母菌的繁殖

酵母菌的繁殖方式有很多种，按照不同的繁殖方式分为假酵母和真酵母，如图 1—4—6 所示。假酵母（拟酵母）只进行无性繁殖，真酵母是进行有性繁殖的酵母菌。

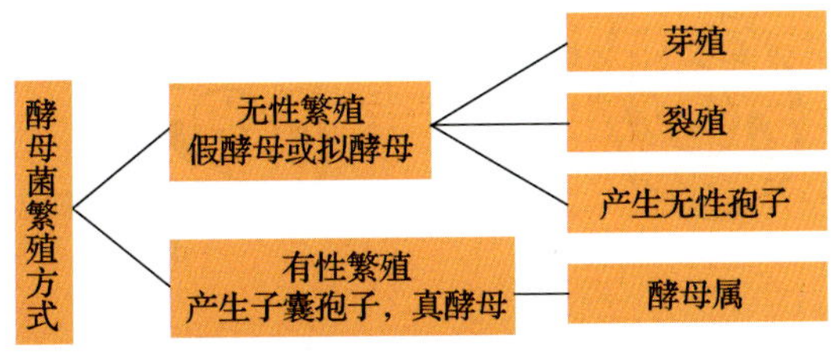

图 1—4—6　酵母菌繁殖方式

1. 无性繁殖

无性繁殖包括芽殖（主要繁殖方式）、裂殖和产生无性孢子三种方式。

（1）芽殖。芽殖是酵母菌最常见的无性繁殖方式。芽殖发生在细胞的预定点上，此点被称为芽痕，每个酵母菌细胞有一到多个芽痕，如图 1—4—7 所示。

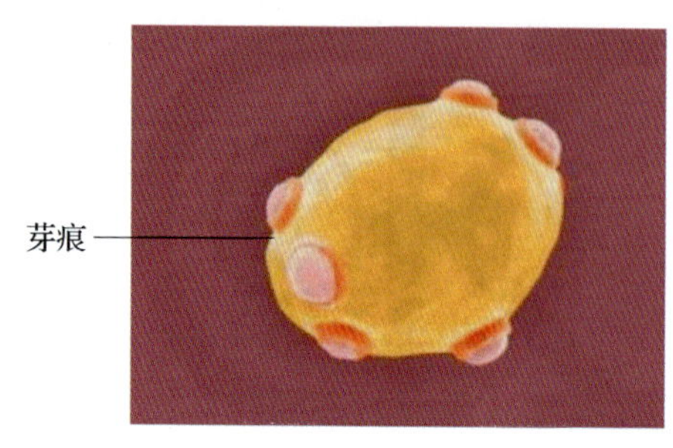

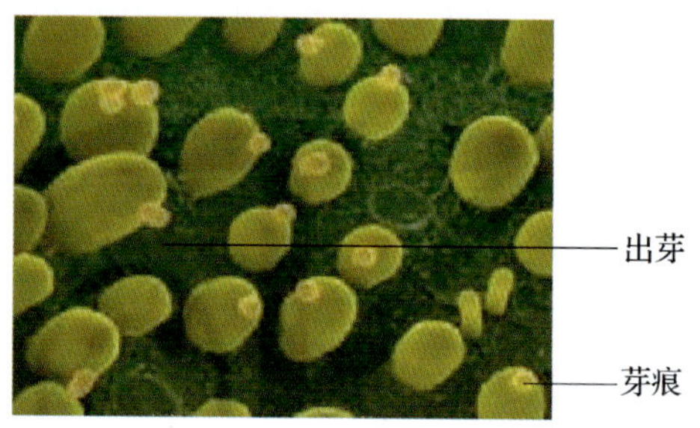

图 1—4—7　酵母菌芽裂形成的出芽及芽痕

芽殖过程如下：

1）母细胞形成小突起。细胞核邻近的中心体产生一个小的突起点，同时细胞表面向外突出，逐渐冒出小芽，如图 1—4—8a 所示。

2）核裂，原生质分配。部分已经增大的核、细胞质、细胞器（如线粒体等）进入芽内，如图 1—4—8b 所示。

3）新膜生成，形成新细胞壁。芽细胞从母细胞那里得到一套完整的核结构、线粒体、核糖体、液泡等，与母细胞分离并成为独立的细胞，如图 1—4—8c、d 所示。

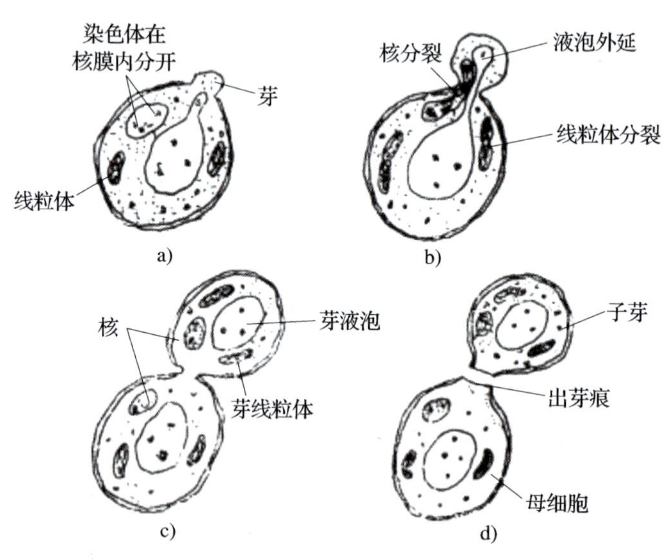

图 1—4—8　酵母细胞的出芽过程

a）母细胞形成小突起　b）核裂　c）、d）新膜生成，形成新细胞壁

（2）裂殖。少数酵母菌借助细胞的横分裂而繁殖的方式称为裂殖。细胞延伸变长，细胞核复制后一分为二，然后在细胞中产生一横隔膜，将细胞横向分为两个大小相似、各具一个细胞核的子细胞，如图 1—4—9 所示。

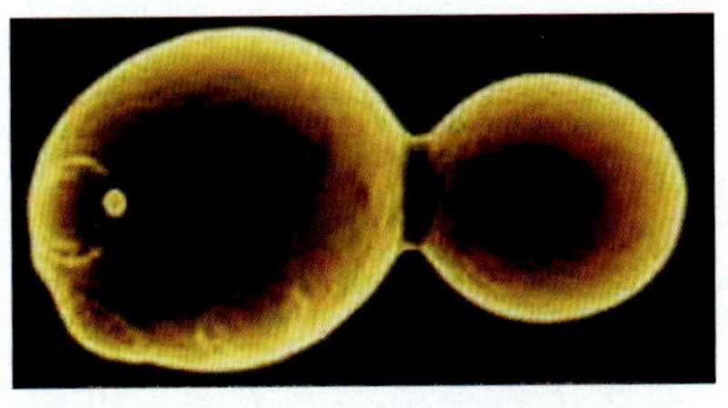

图 1—4—9　酵母菌裂殖过程

（3）产生无性孢子。有些酵母菌可形成一些无性孢子进行繁殖。无性孢子分为掷孢子、厚垣孢子等。如掷孢子的外形呈肾形，也有的呈镰刀形或豆形。孢子成熟后通过特有机制喷射，有的酵母菌在顶端部位产生厚垣孢子。

2. 有性繁殖

酵母菌进行的有性繁殖主要是产生子囊和子囊孢子，其基本过程包括质配、核配和减数分裂三个部分。

（1）质配。当一些酵母菌发育至一定阶段或在特定的培养条件下时，两个性别不同的细胞各伸出小突起相互接触、融合，形成一个通道；两细胞质融合，称为质配。

（2）核配。两单倍体的核移到融合管中融合成二倍体的核。此二倍体细胞称为合子。

（3）减数分裂。在合适的条件下，二倍体细胞的核进行一次减数分裂和 1 ~ 2 次有丝分裂，形成 4 ~ 8 个有性子囊孢子。形成子囊孢子的细胞称为子囊。

四、测定微生物细胞数目的方法

微生物个体生长的时间较短，很快进入分裂繁殖阶段，个体生长难以测定。它们的生长一般以繁殖，即群体生长作为微生物生长的指标。群体生长表现为细胞数目的增加或细胞物质的增加。测定数目的方法有稀释平板涂布法、血球计数板法、显微镜直接计数法等。

1. 稀释平板涂布法

稀释平板涂布法是将待测样品适当稀释后，其中的微生物充分分散成单个细胞，取一定量的稀释样液接种到平板上，经过培养，由每个单格活细胞生长繁殖而形成肉眼可见菌落，即一个单菌落应代表原样品中的一个活细胞。统计菌落数，根据平板上（内）出现的菌落数及菌液的稀释度，即可算出原菌液的含菌数。在一个直径为 9 cm 的培养皿平板上，一般以出现 50 ~ 500 个菌落数为宜，便于进行菌落总数的计算。

这一方法常用来统计样品中活菌的数目。统计的菌落数往往比活菌的实际数目低，原因是当两个或多个细胞连在一起时，平板上观察到的只是一个菌落。因此，统计结果一般用菌落数而不是活菌数来表示。

土壤、水、牛奶、食品和其他材料中所含细菌、酵母菌、芽孢与孢子等的数量均可用此法测定，但不适用于测定样品中的丝状体微生物，如放线菌、丝状真菌、丝状蓝细菌等的营养体。

此法若不培养成菌落，可通过将一定量的菌液均匀地涂布在玻片的一定面积上，经固定染色后在显微镜下计数，这样又称涂片计数法。染色时可用台盼蓝，台盼蓝能将死细胞染成蓝色，可分别计算死细胞和活细胞的数量。

2. 血球计数板法

（1）血球计数板的构造。血球计数板是用一块比普通载玻片厚的特制玻片制成的，其正面、侧面结构如图 1—4—10 所示。玻片中有四条下凹的槽，构成三个平台。中间的平台较宽，其中间又被一短横槽隔为两半，每半边上面刻有一个方格网。方格网上刻有 9 个大方格，其中只有中间的一个大方格为计数室，供微生物计数用。这一大方格的长和宽各为 1 mm，深度为 0.1 mm，体积为 0.1 mm^3。

计数室通常有两种规格，一种是大方格内分为 16 个中格，每一中格又分为 25 个小格；另一种是大方格内分为 25 个中格，每一中格又分为 16 个小格。不论计数室是哪一种规格，它们都有一个共同的特点，即每一大方格都是由 16 × 25=25 × 16=400 个小方格组成的。血球计数板方格结构如图 1—4—11 所示。

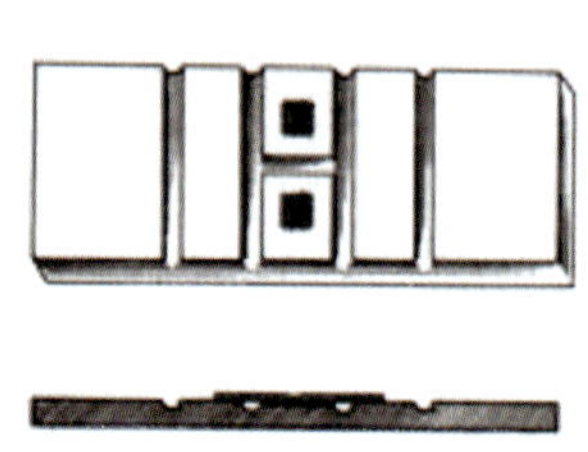

图 1—4—10　血球计数板正面、侧面结构

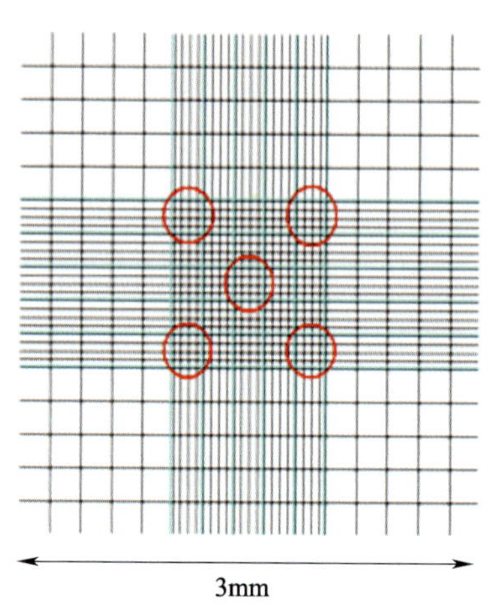

图 1—4—11　血球计数板方格结构

（2）血球计数板的使用方法。使用血球计数板计数时，通常数 5 个中方格的总菌数，然后求每个中方格的平均值，再乘以大方格（计数室）内中方格的数量，即得出一个大方格中的总菌数。数两个大方格的总菌数，取平均值后，再换算成每毫升菌液中微生物细胞的数量。

3. 显微镜直接计数法

显微镜直接计数法是将少量待测样品的悬浮液置于一种特殊的具有确定面积和容积的载玻片上。显微镜直接计数法随机性大，所以对菌体数量不能进行较为宏观、全面的反映。显微镜直接计数法一般与血球计数板法配套使用。其优点是简便、快速、直观，观察到微生物即可马上计数。

五、测定微生物细胞大小的方法

微生物细胞的大小是微生物重要的形态特征之一，也是分类鉴定的依据之一。由于菌体很小，所以只能在显微镜下测量。用于测定微生物细胞大小的工具有目镜测微尺和镜台测微尺。

1. 目镜测微尺

目镜测微尺（见图 1—4—12）是一块可以放入显微镜目镜的圆形小玻片，其中央有精确的等分刻度，这些刻度将 5 mm 长度分成 50 等份，或把 10 mm 长度分成 100 等份。操作时，将其放在目镜中的隔板上（此处正好与物镜放大的中间像重叠）来测量经显微镜放大后的细胞物像。

由于不同目镜、物镜组合的放大倍数不同，目镜测微尺每格实际表示的长度也不一样，因此，用目镜测微尺测量微生物大小时，须先用置于载物台上的镜台测微尺进行校正，以求出在一定放大倍数下目镜测微尺每小格所代表的相对长度，然后根据微生物细胞所占目镜测微尺的格数，计算出微生物细胞的实际大小，如图 1—4—13 所示。

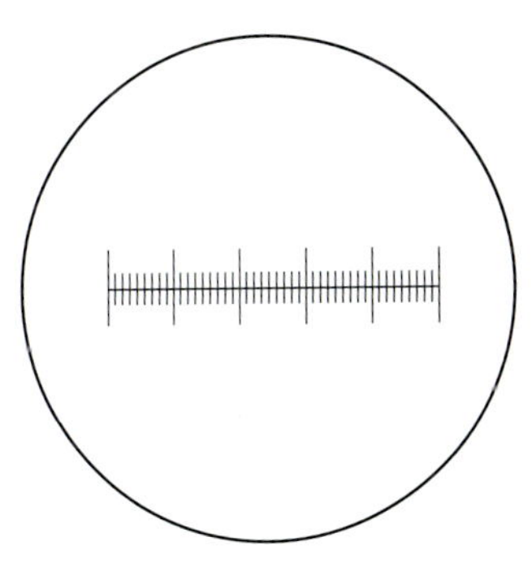

图 1—4—12　目镜测微尺

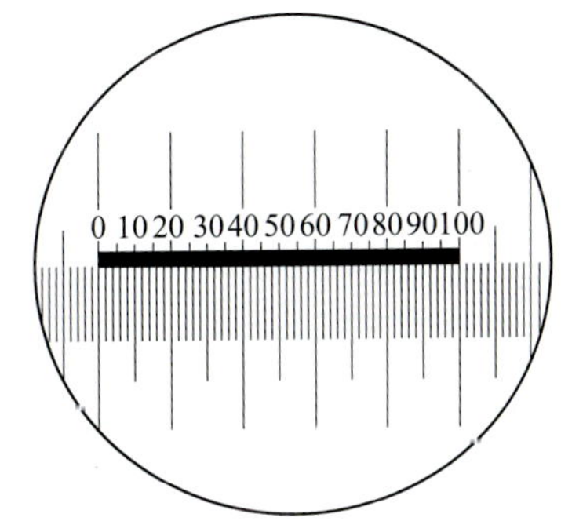

图 1—4—13　用镜台测微尺校正目镜测微尺

2. 镜台测微尺

镜台测微尺是中央部分刻有精确等分线的载玻片，一般将 1 mm 等分为 100 格，每格长 10 μm（即 0.01 mm），是专门用来校正目镜测微尺的。校正时，将镜台测微尺放在载物台上，由于镜台测微尺与细胞标本处于同一位置，都要经过目镜和物镜的两次放大成像进入视野，即镜台测微尺随着显微镜总放大倍数的放大而放大，因此，从镜台测微尺上得到的读数就是细胞的真实大小。用镜台测微尺的已知长度在一定放大倍数下校正目镜测微尺，即可求出目镜测微尺每格所代表的长度，然后移去镜台测微尺，换上待测标本片，用校正好的目镜测微尺在同样放大倍数下测量微生物细胞的大小。

【任务实施】

一、准备工作

1. 设备与材料

配图	名称及规格	
	仪器与设备	（1）显微镜 （2）血球计数板 （3）盖玻片 （4）计数器 （5）酒精灯 （6）无菌吸管：1 mL （7）滴管
	材料	（1）擦镜纸 （2）吸水纸

2. 试剂与样品

配图	名称及规格	说明
	（1）啤酒发酵液 （2）8.5% 的生理盐水试管 （3）0.05% 的美蓝试剂	1）发酵液应放入冰箱冷藏 2）每支试管注入 9 mL 生理盐水并用高压蒸汽灭菌后备用

二、操作步骤

1. 检查血球计数板

配图	操作方法	操作说明
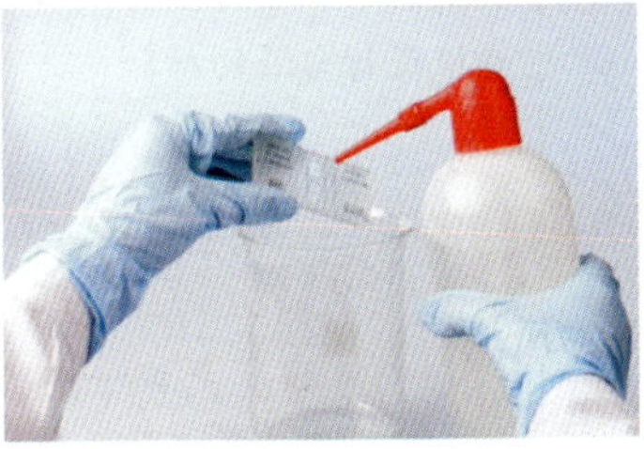	（1）加样前，检查血球计数板是否洁净，若有污物，可用自来水冲洗	血球计数板上计数室的刻度非常精细，清洗时切勿使用刷子等硬物，以免损坏网格刻度。也不可用酒精灯的火焰烘烤计数板
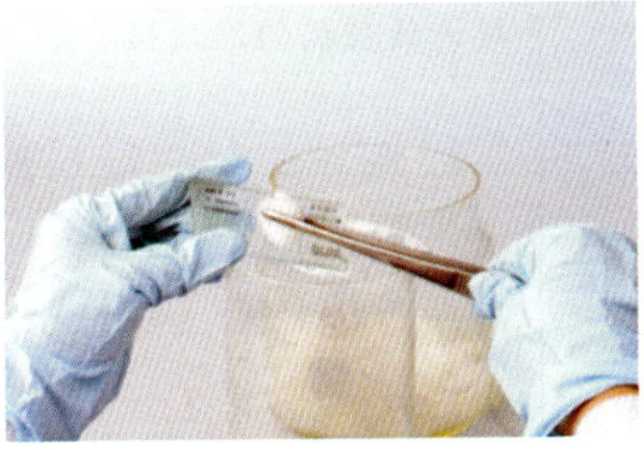	（2）用 95% 的乙醇棉球轻轻擦洗，然后用吸水纸吸干或用吹风机吹干	

2. 染色

配图	操作方法	操作说明
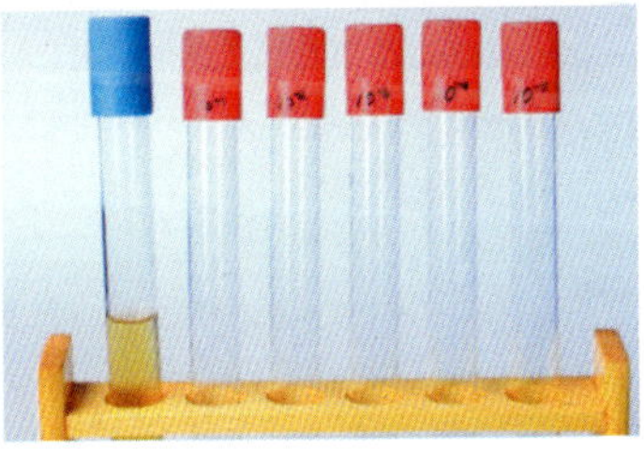	（1）取 5 支生理盐水试管，用记号笔标注 10^{-1}、10^{-2}、10^{-3}、10^{-4}、10^{-5}，并依次排列到试管架上	采用无菌操作技术
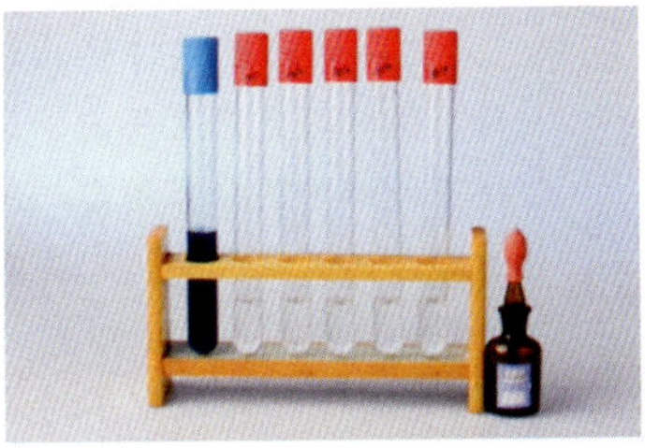	（2）向啤酒发酵液中加入适量美蓝试剂，放置 3 min	1）取样时应先将样品摇匀，同时避免产生气泡，这样可使酵母菌分布均匀，防止酵母菌凝聚沉淀，以提高计数的准确性和代表性 2）加样时计数室不可有气泡产生

3. 样品稀释

配图	操作方法	操作说明
	（1）用 1 mL 无菌吸管吸取酵母液 1 mL，放入标有 10^{-1} 字样的试管中，吹吸 3 次，让菌液混合均匀，即成 10^{-1} 稀释液	在进行连续稀释时，要将菌液混合均匀后再吸取稀释液进行匀液的稀释
	（2）用另一支 1 mL 无菌吸管吸取 10^{-1} 稀释液 1 mL，放入标有 10^{-2} 字样的试管中，吹吸 3 次，让菌液混合均匀，即成 10^{-2} 稀释液	每一稀释度更换一支吸管，不能用一支吸管进行一系列稀释，以保证显微镜直接计数数据的准确性
	（3）以此类推，连续稀释，制成 10^{-3}、10^{-4}、10^{-5} 一系列稀释液	

4. 加样品

配图	操作方法	操作说明
	（1）在计数板上加盖一块洁净的盖玻片	
	（2）用无菌滴管吸取少许酵母液沿盖玻片边缘滴一小滴，让菌液沿缝隙靠毛细渗透作用自动进入计数室	1）取样时应先将样品摇匀，同时避免产生气泡，这样可使酵母菌分布均匀，防止酵母菌凝聚沉淀，以提高计数的准确性和代表性 2）加样时计数室不可有气泡产生

续表

配图	操作方法	操作说明
	（3）用镊子轻压盖玻片，以免因菌液过多将盖玻片顶起而改变计数室的容积	
	（4）加样后静置 5 min，使细胞自然沉落	便于下一步进行计数

5. 显微观察形态计数

配图	操作方法	操作说明
	（1）将血球计数板固定于载物台上，先在低倍镜下找到计数区，然后再转到高倍镜下进行观察	
	（2）记录查得的细菌数，包括母细胞、出芽细胞、活细胞、死细胞的数目，将结果填入原始数据记录表中	着深蓝色为死酵母，淡蓝色为老酵母菌，无色为活酵母菌

6. 清洗

配图	操作方法	操作说明
	使用完毕，将血球计数板及盖玻片冲洗干净，用吸水纸吸干，再用乙醇棉球轻轻擦拭后用水冲净、晾干，放回盒中	进行计数后应马上将计数板和盖玻片清洗干净，以便下次使用，清洗时应用力较轻，以免损坏网格刻度

三、啤酒中酵母计数的原始记录与报告

1. 显微计数方法

（1）样品区域要求每个小格内有 5 ~ 10 个菌体。需要注意的是，这个稀释度的样品匀液适宜进行显微计数，选择适宜稀释度的样品匀液，并记录样品匀液的浓度。

（2）对于出芽的酵母菌，芽体达到酵母菌细胞大小一半时，即可作为两个菌体计算。在进行计数时，如果发现菌体位于中格的双线上，计数时则数上线不数下线，数左线不数右线；为提高准确度，每个样品重复 2 ~ 3 次，若误差在统计的允许误差范围内，则可求其平均值。

（3）计数区若由 16 个中格组成，按对角线方位，数左上、左下、右上、右下 4 个中格（共 100 个小格）的菌数。

（4）计数区若由 25 个中格组成，除按对角线方位数上述 4 个区域外，还要数中央一个中格（共 80 个小格）的菌数。

2. 酵母菌的显微镜计数

血球计数板法原始数据记录表见表 1—4—1。

表 1—4—1　　　　血球计数板法原始数据记录表

检验日期：　　　　　　　　检验员：

计数次数	各中格菌数					总菌数 *A*	稀释倍数 *B*	菌数（个 / 毫升）
	1	2	3	4	5			
第一次								
第二次								
第三次								
平均值								

设 5 个中格的总菌数为 A，菌液稀释倍数为 B。酵母菌计数计算公式如下：

（1）计数板为 25 个中格（本次实验）

$$酵母菌细胞数（个/毫升）=\frac{A}{5}\times 25\times 10^4\times B$$

（2）计数板为 16 个中格

$$1\ \text{mL}\ 菌液的总菌数=\frac{A}{5}\times 16\times 10^4\times B$$

3. 酵母菌形态记录

酵母菌形态观察记录表见表 1—4—2。

表 1—4—2　　酵母菌形态观察记录表

检验日期：　　检验员：

细胞形态	各中格细胞形态					总数	平均数	形态绘图
	1	2	3	4	5			
活细胞								
老细胞								
死细胞								
出芽细胞								

【技能拓展】

啤酒酵母液中酵母菌细胞大小的测定

一、准备工作

1. 菌种：啤酒酵母菌悬液。

2. 仪器与设备：显微镜、目镜测微尺（见图 1—4—14）、镜台测微尺（见图 1—4—15）、载玻片、盖玻片。

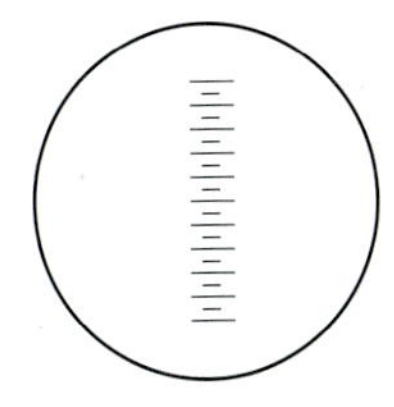

图 1—4—14　目镜测微尺

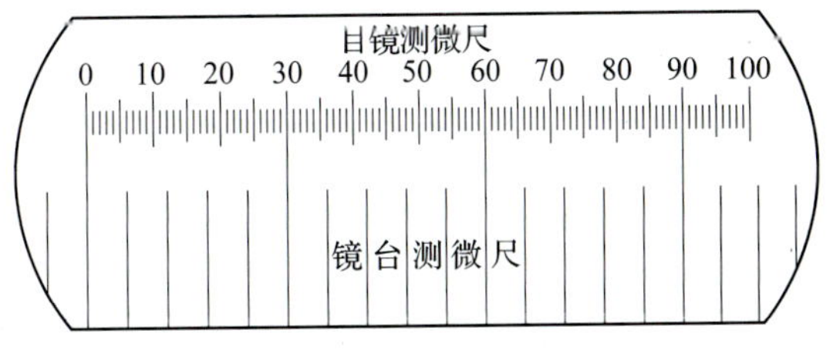

图 1—4—15　用镜台测微尺校正目镜测微尺

二、操作步骤

1. 安装目镜测微尺

取下显微镜的目镜，换上专用目镜。如果没有专用目镜，则取下显微镜的目镜，旋下透镜，将目镜测微尺的刻度朝下放在目镜的隔板上，再旋上透镜，将装有测微尺的目镜装回镜筒，如图 1—4—16 所示。

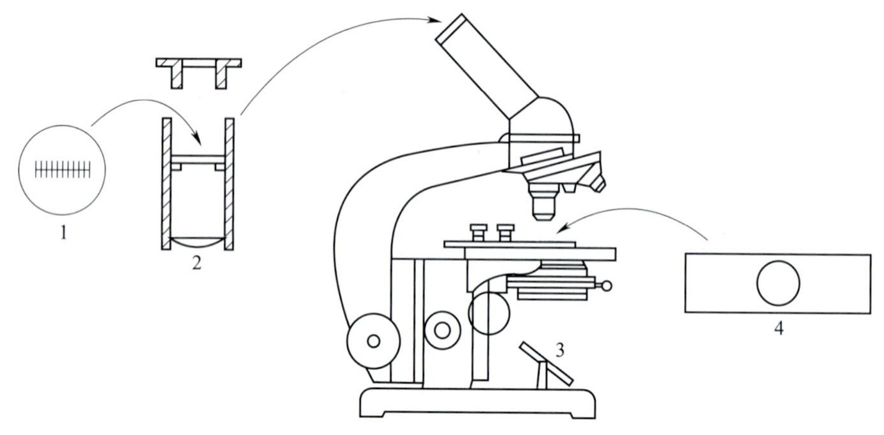

图 1—4—16 测微尺的安装

1—目镜测微尺 2—目镜 3—显微镜载物台 4—物镜测微尺

2. 测量细胞大小

（1）将啤酒酵母制成水浸片。

（2）在低倍镜下找到目标物，然后在高倍镜下用目镜测微尺测定每个菌体长度和宽度所占的刻度，即可换算成菌体的长和宽。

（3）求平均值：一般测量微生物细胞大小时，用同一放大倍数在同一标本上任意测定 10 ~ 20 个菌体后，求出其平均值即可代表该菌的大小。

【考核评价】

考核步骤	考核点	考核标准	配分	得分
接种准备工作	无菌室	实验前用紫外灯灭菌 灭菌时间合适（20 ～ 30 min）	10	
	计数工具	准备齐全 摆放整齐	5	
	操作着装	着装整齐 头发缩入工作帽内	10	

续表

考核步骤	考核点	考核标准	配分	得分
用显微镜直接计数	血球计数板清洗	清洗方法正确 表面洁净，无污物	10	
	样品稀释	符合无菌操作要求 吸样准确 更换吸管	20	
	加样	盖玻片紧贴血球计数板表面 盖玻片下无气泡	15	
	用显微镜计数	计数方法正确 计数结果准确	15	
台面	台面清洁	保持操作台台面整洁 玻璃仪器清洗彻底 及时清理废物	10	
操作安全	正确使用酒精灯	酒精灯使用完毕盖两次灯罩	5	
合计			100	

【思考与练习】

1. 简述酵母菌的定义、形态及结构特点。

2. 简述血球计数板的构造、原理和计数方法。

3. 根据自己的体会，说明用血球计数板计数的误差主要来自于哪些方面；应如何尽量减小误差，力求准确。

4. 总结显微镜直接计数法的关键步骤。

项目二

微生物培养基的制作及灭菌技术

任务 1　微生物培养基的制作

1. 了解微生物生长所需的基本营养及运输方式。
2. 掌握培养基的概念、分类及配制原则。
3. 能正确制作棉塞。
4. 能正确配制实验室常用培养基。

【任务引入】

微生物检验，无论是检测待检样品中微生物的种类和数量，还是观察样品中微生物的形态特征，都需要先选用合适的培养基对样品中的微生物进行分离、培养，因此，培养基的制备技术是食品微生物检验的基础。本任务将配制最常用的细菌培养基。

【任务分析】

培养基是供微生物、植物、动物组织生长和维持用的人工配制的养料。要制作培养基，就需要了解微生物的营养、吸收营养物质的方式以及常用的培养基配制技术。

【相关知识】

一、微生物的营养

营养是指微生物在其生长过程中获取生命活动所需的能量和结构物质的生理过程。而营养物质是指外界环境可为细胞提供结构组分、能量、代谢调节物质和良好生长环境的化学物质。

1. 微生物的细胞化学构成

微生物细胞含有 80% 左右的水分和 20% 左右的干物质。干物质中的蛋白质、核酸、碳水化合物、脂类和无机物等主要由碳、氢、氧、氮等元素组成，占全部干物质的 90% ~ 97%。此外，还含有 3% ~ 10% 的各种无机物，依次为磷、硫、钾、钙、镁、铁以及一些微量的钼、锌、硼、碘、镍、钒等。微生物细胞利用这些化学元素物质制造其细胞物质和组分，并进一步将它们组成为细胞结构，如图 2—1—1 所示。

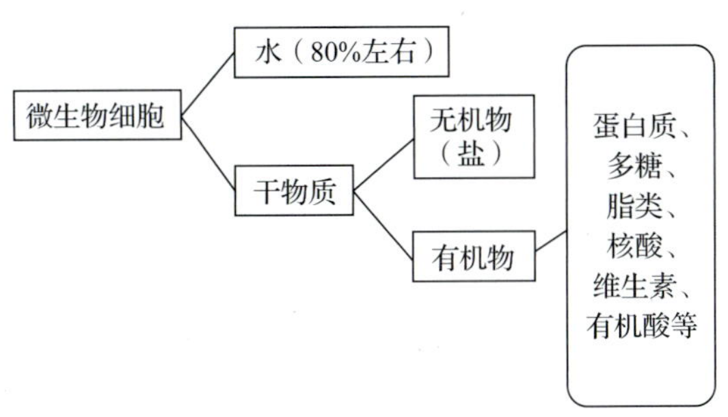

图 2—1—1　微生物细胞的组成

微生物细胞内的化学元素都来自胞外环境。通过对这些化学成分的分析，发现微生物细胞与其他生物细胞的化学组成并没有本质上的差异，也就是微生物、动物、植物与人类在摄取营养物质时存在着“营养上的统一性”，元素水平上具有一致性。但具体到营养物质的种类，微生物要比人、动物、植物广泛得多。从简单的无机物到复杂的有机物均可作为微生物的营养物质。

2. 微生物的营养构成

微生物的营养物质按照在机体内的生理作用不同，可分为碳源、氮源、生长因子、水和无机盐。

（1）碳源。凡是可以作为微生物细胞结构或代谢产物中碳素来源的营养物质统称为碳源。碳源通过一系列复杂的化学变化来构成细胞物质或提供机体完成整个生理活动所需要的能量。碳源分为无机碳源和有机碳源两大类，其中无机碳源包括 CO_2、$NaHCO_3$ 等。由于微生物所需的碳源、能源有所不同，将微生物分为光能自养型、光能异养型、化能自养型和化能异养型，其不同碳源见表 2—1—1。

表 2—1—1　不同营养类型微生物的不同碳源

基本类型	能源	基本碳源	代表产物
光能自养型	光	CO_2	蓝细菌、藻类等
光能异养型	光	CO_2、简单有机物	红螺菌类
化能自养型	无机物	CO_2	硝化细菌、硫细菌、铁细菌
化能异养型	无机物	有机物	绝大多数细菌、全部真核微生物

（2）氮源。微生物细胞中含氮 5% ～ 15%，它是微生物细胞蛋白质和核酸的重要组成成分。氮源按其来源不同可分为无机氮源和有机氮源两大类，其中无机氮源包括 N_2、氨、铵盐、硝酸盐等；有机氮源包括氨基酸、嘌呤、嘧啶、尿素、牛肉膏、蛋白胨等，只有少量细菌，如硝化细菌能利用铵盐、硝酸盐作为氮源和能源。某些梭菌对糖的利用不活跃，可以利用氨基酸作为唯一的能源。

（3）生长因子。生长因子通常是指那些微生物生长所必需且需要量很少，但微生物自身不能合成或合成量不足以满足机体生长需要的有机化合物。生长因子在微生物的生长过程中作为辅酶或辅基参与微生物的代谢，同时也是某些微生物核酸和蛋白质的组成成分。

根据生长因子的化学结构和它们在机体中的生理功能的不同，可将生长因子分为维生素、氨基酸、嘌呤和嘧啶。如光合细菌需要维生素 B；流感嗜血杆菌一定要在含红细胞的培养基上培养，因为它需要叶啉环作为生长因子；厌氧条件下生长的啤酒酵母菌需要甾醇作为生长因子。

（4）水。水是微生物的主要组成成分，在细胞内以结合水和游离水两种形式存在。结合水为微生物细胞的组成成分，存在于原生质胶体系统中。游离水是细胞吸收营养物质和排出代谢产物的溶剂及发生生化反应的介质；一定量的水分又是维持细胞渗透压的必要条件。

游离水的含量可用水分活度 A_w 表示。水分活度是指在相同温度和压力下，体系中溶液的蒸汽压与纯水的蒸汽压之比，即 $A_w=P_{溶液}/P_{纯水}$。微生物能在 A_w=0.63 ～ 0.99 的条件下生长。特定微生物对 A_w 的要求是一定的。

水的主要功能如下：

1）水是微生物细胞的重要组成成分，占活细胞总量的 90% 左右。

2）作为溶剂与运输介质。

3）参与生化反应。

4）维持蛋白质、核酸等生物大分子的构象。

5）水的比热容高，又是热的良好导体，因而能维持和调节细胞的温度。

6）维持自身正常形态。

（5）无机盐。微生物细胞中还含有多种元素，这些元素按照细胞含量分为大量元素（宏量元素）和微量元素（痕量元素）。其中，大量元素包括 P、S、K、Mg、Ca、Na、Fe 等，微量元素包括 Co、Zn、Mo、Cu、Mn 等。这些元素在微生物细胞内都是以无机盐的形式提供的，故称为无机盐或矿质元素。其生理功能主要包括以下几点：

1）提供微生物细胞化学组成中的重要元素（除 C 和 N 外）。

2）参与并稳定微生物细胞的结构。

3）与酶的组成和活力有关。

4）调节和维持微生物生长过程中渗透压、氢离子浓度和氧化还原电位等生长条件。

5）用作某些化能自养型细菌的能源物质。

6）用作呼吸链末端的氢受体。

二、微生物吸收营养物质的方式

1. 单纯扩散

单纯扩散是指被输送的物质以细胞内外浓度为动力，以透析或扩散的形式从高浓度区向低浓度区的扩散。

2. 促进扩散

促进扩散是指营养物质通过与细胞膜上载体蛋白（又称透过酶）的可逆性结合来加快其传递速度的扩散。这种运输方式多见于真核微生物中，如在厌氧中生活的酵母菌，某些物质的吸收和代谢产物的分泌通常是通过这种方式完成的。

3. 主动运输

在代谢能的推动下，通过膜上特殊载体蛋白逆营养物浓度梯度吸收营养物质的过程称为主动运输。物质在主动运输过程中需要消耗代谢能，这也是主动运输的最主要特点。主动运输是微生物吸收营养物质的主要方式。

4. 基因转位

基因转位是一种特殊的主动运输，与普通的主动运输相比，营养物质在运输过程中发生了化学变化（糖在运输过程中发生了磷酸化）。其他特点与主动运输相同。

基因转位主要存在于厌氧和兼性厌氧细菌中，也用于单（或双）糖与糖的衍生物的运输。

四种微生物营养物质运输方式的比较见表 2—1—2。

表 2—1—2　　四种微生物营养物质运输方式的比较

比较项目	单纯扩散	促进扩散	主动运输	基团转位
载体蛋白	无	有	有	有
运输速度	慢	快	快	快
运输方向	高→低	高→低	低→高	低→高
细胞内外浓度	相同	相同	细胞内浓度高	细胞内浓度高
运输分子	无特异性	有特异性	有特异性	有特异性
能量消耗	不需要	不需要	需要	需要
运输后的物质结构	不变	不变	不变	改变

三、培养基的定义和分类

1. 培养基的定义

培养基（见图 2—1—2）是指提供微生物生长繁殖和生物合成各种代谢产物所需要的、按一定比例配制的多种营养物质的混合物。它主要提供微生物所需能量，包括碳源、氮源、无机元素、生长因子及水、氧气等。

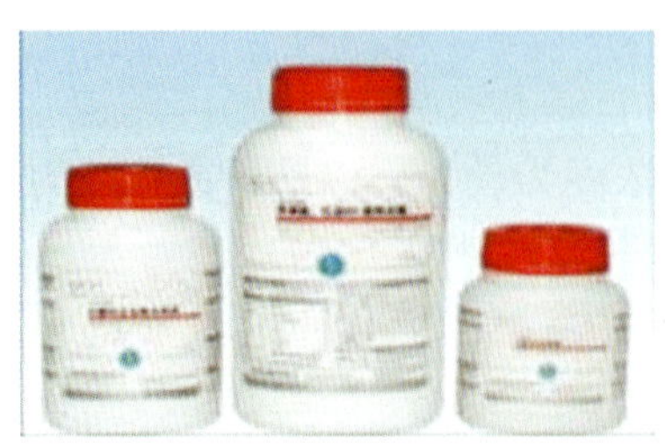

图 2—1—2　配制前瓶装培养基及配制好的培养基

2. 培养基的分类

培养基种类繁多，根据其成分、物理状态和实验目的，可将培养基分成多种类型。

（1）按成分分类

1）天然培养基。由采用化学成分还不清楚或化学成分还不恒定的各种动、植物和动物组织或微生物的浸出物、水解液等物质制成，如牛肉浸膏和蛋白胨培养基、麦芽汁培养基等。

2）合成培养基。用化学成分和数量完全了解的物质配制而成，如查氏培养基、高氏 1 号培养基等。

3）复合（半合成）培养基。采用一部分天然有机物作为碳源、氮源和生长因子的来源，再适当加入一些化学药品以补充无机盐成分，使其更能充分满足微生物对营养的需要。

牛肉浸膏、蛋白胨和酵母浸膏的来源及主要成分见表 2—1—3。

表 2—1—3　牛肉浸膏、蛋白胨和酵母浸膏的来源及主要成分

营养物质	来源	主要成分
牛肉浸膏	由瘦牛肉组织浸出的汁浓缩而成的膏状物质	富含水溶性糖类、有机氮化物、维生素、盐等
蛋白胨	将肉、酪素或明胶用酸或蛋白酶水解后，经干燥而成的粉末状物质	富含有机氮化物，也含有一些维生素和糖类
酵母浸膏	由酵母细胞的水溶性提取物浓缩而成的膏状物质	富含 B 族维生素，也含有有机氮化物和糖类

（2）按物理状态分类

1）固体培养基。在液体培养基中加入一定量的凝固剂即为固体培养基（见图2—1—3），琼脂含量为1.5%～2%。固体培养基主要用于进行微生物的分离、鉴定、活菌计数及菌种保藏等。

图2—1—3　固体培养基

2）半固体培养基。培养基中琼脂的含量一般为0.2%～0.7%。半固体培养基常用于观察微生物的运动特征、进行分类鉴定及噬菌体效价滴定等。

3）液体培养基。未加入任何凝固剂的培养基称为液体培养基，如图2—1—4所示。液体培养基常用于大规模工业生产以及实验室进行微生物基础理论和应用方面的研究。

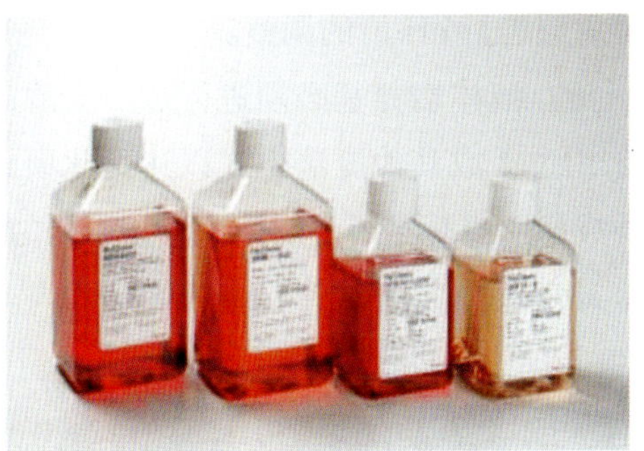

图2—1—4　液体培养基

（3）按实验目的分类

1）基础培养基。基础培养基是指含有一般微生物生长繁殖所需的基本营养物质的培养基。牛肉浸膏和蛋白胨培养基就是常用的基础培养基。

2）加富培养基。加富培养基是指在基础培养基的基础上加入某些特殊营养物质制成的一类营养丰富的培养基，这些特殊营养物质包括血液、血清、酵母浸膏、动物组织液等。

3）鉴别培养基。用于鉴别不同类型微生物的培养基叫作鉴别培养基。在培养基中加入某些特殊化学物质，某种微生物在培养基中生长后能产生某种代谢产物。

4）选择培养基。用于将某种或某类微生物从混杂的微生物群体中分离出来的培养基叫作选择培养基。

5）鉴定培养基。用于进行一项或多项微生物生理和生化特性鉴定或菌体构成特征鉴定的培养基叫作鉴定培养基。

6）运输培养基。在取样后和实验室样品处理前保持微生物活性而不使其增殖的培养基叫作运输培养基。

7）保藏培养基。用于在一定期限内保护和维持微生物活力，防止长期保存对微生物的不利影响，或使微生物在长期保存后容易复苏的培养基叫作保藏培养基。

四、常用培养基的配制技术

1. 培养基的配制流程

（1）培养基的称取。培养基的成分必须精准地称取并防止将质量称错，称取过程中将配方置于旁侧，每称完一种后在配方处做标记。

（2）培养基各成分的溶化。培养基所用化学药品均应是化学纯的，应使用电炉对培养基成分进行溶化。

（3）培养基 pH 值的初步调整。因为培养基在加热过程中 pH 值会有所变化，因此在培养基各成分完全溶解后应进行 pH 值的调整。

（4）培养基的过滤澄清。液体培养基必须进行过滤澄清，琼脂培养基也应透明且无显著沉淀，因此需要采用过滤或其他澄清方式以达到此项要求。一般液体培养基可用滤纸过滤，滤纸应折叠成扇形或漏斗形，以免因液压不均匀而造成滤纸破裂。

（5）培养基的分装。培养基应装于试管、烧瓶等容器内。分装量不得超过容器容量的 2/3。容器口可用棉塞封堵，其外用牛皮纸包裹。

（6）培养基的灭菌。一般培养基的灭菌可采用在 121℃的高压蒸汽灭菌锅中灭菌 15 min 的方法。采用各种配制方法的培养基均可采用此法灭菌。

（7）培养基的质量测试。每批培养基制备好之后应仔细检查，发现破裂、水分浸入、色泽异常、棉塞被培养基沾染等均应弃去，并测定其最终 pH 值。

（8）培养基的保存。培养基应存放于冷暗处，最好能存放于普通冰箱内，放置时间不宜超过一周，浸注的平板培养基不宜超过三天。每批培养基均必须附有明显的标签。

2. 培养基的配制原则

（1）选择适宜的营养物质。不同微生物对营养物质的需求不同，因此首先要根据不同微生物的营养需求配制针对性强的培养基。在实验室中常用牛肉浸膏和蛋白胨培养基（或简称普通肉汤培养基）培养细菌，用高氏 I 号合成培养基培养放线菌，培养酵母菌时一般用麦芽汁培养基，培养霉菌则用查氏合成培养基。

（2）营养物质浓度及配比合适。培养基中营养物质浓度合适时微生物才能生长良好，营养物质浓度过低时不能满足微生物正常生长所需；浓度过高则可能对微生物生长起到抑制作用。例如，高浓度糖类物质、无机盐、重金属离子等不仅不能维持和促进微生物的生长，反而起到抑菌或杀菌作用。另外，培养基中各营养物质之间的浓度配比也直接影响微生物的生长繁殖和（或）代谢产物的形成与积累，其中碳氮比（C/N）的影响较大。严格来讲，碳氮比是指培养基中碳元素与氮元素物质的量的比值，有时也指培养基中还原糖与粗蛋白之比。

（3）控制 pH 值条件。培养基的 pH 值必须控制在一定的范围内，以满足不同类型微生物生长繁殖或产生代谢产物。各类微生物生长繁殖或产生代谢产物的最适宜 pH 值的条件各不相同，一般来说，细菌与放线菌适于在 pH 值为 7 ~ 7.5 的范围内生长，酵母菌和霉菌通常在 pH 值为 4.5 ~ 6 的范围内生长。在微生物生长繁殖和代谢过程中，由于营养物质被分解利用和代谢产物的形成与积累，会导致培养基 pH 值发生变化，若不对培养基的 pH 值条件进行控制，往往会导致微生物生长速度下降和（或）代谢产物产量下降。

（4）灭菌处理。要获得微生物纯培养，就必须避免杂菌污染，因此应对所用器材及工作场所进行消毒与灭菌。对培养基而言，更要进行严格的灭菌。通常采取高压蒸汽灭菌方法，一般培养基用 1.05 kg/cm^2 的高压蒸汽，在 121.3℃条件下维持 15 ~ 30 min 可达到灭菌目的。

五、培养基的质量控制

成品培养基的质量控制应包括物理指标控制和微生物学指标控制。

1. 物理指标控制

（1）液体培养基：透明、澄清、无杂质。

（2）固体培养基：无絮状物或沉淀，凝胶强度适宜，用接种环划线以不被划破为宜。

2. 微生物学指标控制

从每批制备好的培养基中选取至少一个（或 1%）平板或试管，置于 37℃或按特定标准规定的温度培养 18 h。

六、培养基的存放

（1）每批培养基都应具备明显的标签，最好存放于冰箱内。

（2）平板和试管斜面凝固后装入密封袋中，存放于 4℃的冰箱内，最多存放一周。

（3）普通琼脂培养基可存放在三角瓶内，使用时应重新溶化。

（4）能发生化学反应或含有不稳定成分的固体培养基不能批量制备或重新溶化使用。

【任务实施】

一、准备工作

1. 试剂与仪器

配图	名称及规格	
	仪器	（1）试管 （2）无菌锥形瓶 （3）量筒 （4）烧杯 （5）纱布 （6）棉花 （7）漏斗 （8）天平或台秤
	试剂	（1）牛肉浸膏 （2）蛋白胨 （3）氯化钠 （4）琼脂

2. 棉塞的制作

配图	操作方法
	（1）取方形棉花平铺于桌面，在1/3处对折
	（2）顺折叠线方向卷起，直至卷叠完毕

续表

配图	操作方法
	（3）用纱布将棉花塞包裹，并在顶部系紧

二、操作步骤

1. 计算

<table>
<tr><th>配图</th><th>操作方法</th><th>操作说明</th></tr>
<tr><td></td><td>按照配方中的比例计算配制 500 mL 培养基所需试剂的量
<table><tr><th>试剂名称</th><th>取量</th><th>计算结果</th></tr><tr><td>牛肉浸膏</td><td>3 g</td><td></td></tr><tr><td>蛋白胨</td><td>10 g</td><td></td></tr><tr><td>氯化钠</td><td>5 g</td><td></td></tr><tr><td>琼脂</td><td>15 ～ 20 g</td><td></td></tr><tr><td>水</td><td>1 000 mL</td><td></td></tr></table></td><td>计算过程要认真、仔细，避免因计算错误造成培养基配制失败</td></tr>
</table>

2. 称量

配图	操作方法	操作说明
	用普通天平（精确度为 0.01）按照计算结果依次称取所需试剂，并将所需试剂一次取齐，置于天平左侧，每种称取完毕，移放于右侧	（1）称取时一定要将计算的配方置于旁侧 （2）各种成分需精确称取 （3）注意称取过程最好一次完成，不要中断，以免出错 （4）蛋白胨极易吸湿，称取过程要迅速

3. 溶化

配图	操作方法	操作说明
	将称量的试剂放入大烧杯或大烧瓶中，置于电炉上溶化，溶化后关闭电炉开关	（1）溶化时实验人员不得离开，要控制电炉加热温度，避免培养基沸腾后从瓶口溢出 （2）溶化过程需不断用玻璃棒进行搅拌，以免培养基发生焦化

4. 初调 pH 值

配图	操作方法	操作说明
	在调 pH 值前，先用精密 pH 试纸测量培养基的原始 pH 值，如果 pH 值偏酸，用滴管向培养基中逐滴加入 0.1 mol/L 的 NaOH，边加边搅拌，并随时用试纸测其 pH 值，直至 pH 值达到 7.6 为止；反之，则用 0.1 mol/L 的 HCl 进行调节	（1）用玻璃棒蘸取培养基测 pH 值 （2）pH 值不要调过头，以免回调；否则，将会影响培养基内各离子的浓度

5. 分装

配图	操作方法	操作说明
	将调好 pH 值的培养基分装到锥形瓶中，分装时用玻璃棒将培养基导入锥形瓶中	（1）分装量不得超过容器体积的 2/3 （2）分装最好在培养基温度较高时进行，这时培养基处于溶化状态，便于倾倒

6. 包扎

配图	操作方法	操作说明
	（1）在三角瓶管口塞入棉塞	1）棉塞要塞严 2）牛皮纸要覆盖整个瓶口直至三角瓶颈处

续表

配图	操作方法	操作说明
	（2）用双层牛皮纸包裹棉塞及瓶口	1）用牛皮纸包裹是为了防止冷凝水弄湿棉塞 2）牛皮纸要覆盖整个瓶口直至三角瓶颈处
	（3）用棉绳将其捆绑，捆绑位置应在瓶颈处	

7. 灭菌

配图	操作方法	操作说明
	将包扎好的培养基放入高压灭菌锅内进行灭菌	高压灭菌方法见项目二任务 2

8. 无菌检查

配图	操作方法	操作说明
	将配制好的培养基放入 37℃的恒温箱中培养 1 ～ 2 天，确认无菌后方可使用	

9. 保藏

配图	操作方法	操作说明
	将配制好的培养基放入冰箱进行保藏，保藏温度为4℃	培养基的保藏时间不要超过一周

三、填写培养基配制操作记录（见表2—1—4）

表2—1—4　　培养基配制记录表

培养基名称：　　配制时间：　　配制人：

试剂名称	纯度	称取量（g）	配制量（mL）	分装量（mL）	pH值	灭菌方式	无菌检查（√或×）	备注

【技能拓展】

制备琼脂斜面

琼脂斜面在微生物检验中应用较广泛，主要用途是菌种的保藏和菌种的纯培养。

一、准备工作

试剂、仪器的准备参见本任务工作准备阶段，只是培养基的分装容器由锥形瓶变为试管。

二、操作步骤

1. 配制培养基

配图	操作方法	操作说明
	按照步骤配制牛肉浸膏、蛋白胨培养基待用	培养基应冷却至50℃

2. 分装

配图	操作方法	操作说明
	（1）取一个玻璃漏斗，装在铁架上，漏斗下方连一根橡胶管，橡胶管下端再与另一玻璃管相接，橡胶管的中部加一弹簧夹	
	（2）用左手拿住空试管中部，并将漏斗下的玻璃管嘴插入试管内，以右手拇指及食指开放弹簧夹，中指及无名指夹住玻璃管嘴，使培养基直接流入试管内	1）分装量应为试管总体积的1/5 2）分装时注意不要使培养基沾污管口或瓶口，造成污染 3）如因操作不小心，培养基沾污管口或瓶口时，可用镊子夹一小块脱脂棉，擦去管口或瓶口的培养基，并将脱脂棉丢弃

3. 试管的包扎

配图	操作方法	操作说明
	（1）在试管管口塞入棉花塞或硅胶塞	棉塞或胶塞要塞严，避免塞子脱落或有缝隙造成污染
	（2）取 7 支或 10 支试管为一组进行包扎	不要包裹过多试管，以单手可以拿起为宜
	（3）用双层牛皮纸包裹一组试管口	1）用牛皮纸包裹是为了防止冷凝水弄湿棉塞 2）牛皮纸要覆盖整个瓶口和试管 1/4 处
	（4）用棉绳对其进行捆绑	捆绑要结实，避免中间试管由于未捆紧而掉落打碎

4. 灭菌

配图	操作方法	操作说明
	将包扎好的培养基放入高压灭菌锅进行灭菌	

5. 摆斜面

配图	操作方法	操作说明
	将灭菌的试管培养基冷却至50℃左右，将试管口端搁置在玻璃棒或其他合适高度的器具上	（1）搁置的长度以不超过试管1/2为宜 （2）培养基温度不宜过低，以免培养基凝固

6. 保藏

配图	操作方法	操作说明
	将配制好的培养基放入冰箱进行保藏，保藏温度为4℃	

【考核评价】

考核点	考核标准	配分	得分
制作前的准备	仪器、试剂准备齐全，并摆放整齐	10	
	教材、笔记本、笔准备齐全		
	白大褂穿着整齐		
计算成分取量	按照配方比例计算培养基成分的用量	20	
	计算结果应记录清晰		
称量各试剂	正确使用普通天平	20	
	携带配方称量并标记		
	称量准确		
	称量后将天平及台面收拾整洁		
溶化培养基	将各培养基成分倒入烧杯且无遗洒	20	
	溶化过程不停地进行搅拌		
	溶化后关闭电炉		
调整pH值	调节pH值准确	10	
	调节pH值不过量		
分装	分装时双手配合协调	10	
	分装体积不超过锥形瓶的2/3		
	瓶口无遗留培养基		
包扎仪器	棉塞塞紧	10	
	包扎紧密		
合计		100	

【思考与练习】

一、思考题

1. 微生物生长所需的营养物质有哪些？

2. 简述培养基的定义及分类。

3. 制备细菌培养基有哪些步骤？哪几步较易出现错误？应如何预防？

4. 培养基的 pH 值应为多少？调节 pH 值时为什么不能调节过量？

二、实训题：PDA 培养基的配制

提示：

1. PDA 是人们对马铃薯葡萄糖琼脂培养基的简称，是一种常用培养基，宜培养酵母菌、霉菌、蘑菇等真菌。

2. 培养基成分见表 2—1—5。

表 2—1—5　　PDA 培养基试剂种类及用量

试剂名称	取量
马铃薯	200 g
葡萄糖	20 g
琼脂	15~20 g
水	1 000 mL

3. 将马铃薯洗净去皮后切成小块，加水煮烂，用四层纱布进行过滤；加入葡萄糖和琼脂继续搅拌混匀，稍冷却后将水分补足到 1 000 mL，分装、包扎、灭菌即可。

任务 2　消毒灭菌技术

【学习目标】

1. 掌握消毒灭菌的相关概念。
2. 掌握常用的消毒灭菌方法及原理。
3. 了解高压蒸汽灭菌锅和干热灭菌箱的基本构造。
4. 能正确使用高压蒸汽灭菌锅进行湿热灭菌。
5. 能正确对玻璃器皿进行包扎并使用灭菌箱进行干热灭菌。

【任务引入】

为确保实验的准确性，需要在对样品进行检测之前，先将实验所需的器皿消毒、灭菌。本任务将完成微生物实验室常用的培养基、玻璃棒、烧杯、试管的消毒灭菌。

【任务分析】

在进行微生物检验前，可以通过消毒灭菌技术，不同程度地将实验物品和实验环境中的微生物减少甚至完全杀灭，从而减少或消除外来微生物对实验结果的影响，确保微生物检验结果的真实性和准确性。因此，消毒灭菌技术是微生物检验工作的基础。在做实验前，要了解消毒灭菌的概念和常用消毒灭菌的方法。

【相关知识】

一、消毒灭菌的概念

1. 灭菌

灭菌是利用物理或化学方法除去或消灭物质表面或环境中一切微生物的营养体、芽孢和孢子的过程。灭菌后的物品表面不存在活的微生物及其芽孢或孢子，可达到无菌状态。

2. 消毒

消毒是利用物理、化学或其他方法杀灭物质表面绝大多数微生物的技术。消毒只要求达到消除传染性的目的，而对非病原微生物及其芽孢或孢子并不严格要求全部杀死。用于消毒的化学药品被称为消毒剂或杀菌剂。

3. 防腐

防腐是指阻止或抑制微生物生长繁殖的方法。用于防腐的化学药品叫作防腐剂或抑菌剂。

4. 无菌

无菌是指物体上或容器内没有活的微生物存在的状态。采取防止或杜绝任何微生物进入动物机体或其他物体的方法，称为无菌法。以无菌法进行的操作称为无菌操作。

5. 无菌物品

无菌物品是指物品中不含有任何活的微生物，并经灭菌处理后的物品。对于任何一批灭菌物品而言，绝对无菌既无法保证，也无法用实验来证实。一批物品的无菌特性只能相对地通过物品中活微生物的概率低至某个可接受的水平来表述，即无菌保证水平（SAL）。

二、常用消毒灭菌的方法

消毒灭菌的方法主要分为物理方法和化学方法两大类。常用的灭菌方法有干热灭菌法、湿热灭菌法、辐照灭菌法和化学灭菌法等。具体分类如图 2—2—1 所示。

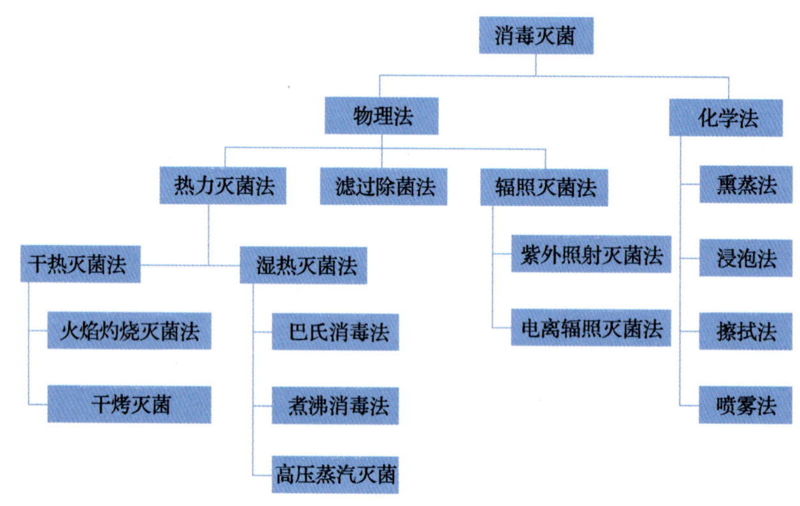

图 2—2—1　消毒灭菌分类

1. 湿热灭菌法

湿热灭菌法是利用高压饱和蒸汽或流通蒸汽灭菌、过热水喷淋等手段使微生物菌体中的蛋白质、核酸发生变性而杀灭微生物的方法。流通蒸汽不能完全杀灭细菌孢子，一般可作为不耐热无菌产品的辅助灭菌手段。

（1）高压蒸汽灭菌

1）原理。基于水在煮沸时所形成的蒸汽不能扩散到外面而聚集在密封的容器内，在密闭的情况下，随着水的煮沸，蒸汽压力升高，温度也相应增高。

2）高压灭菌锅的结构。高压灭菌锅有卧式、立式、手提式等多种类型，在微生物实验室里常用的是手提式（见图 2—2—2）和立式高压蒸汽灭菌锅（见图 2—2—3）。

高压蒸汽灭菌锅是一个密闭的、可以耐受一定压力的双层金属锅。锅底或夹层内盛水，当水在锅内沸腾时由于蒸汽不能逸出，使锅内压力逐渐升高，水的沸点和温度也随之升高，从而达到高温灭菌的目的。一般在压力为 0.11 MPa、温度为 121℃的条件下，灭菌 20 ~ 30 min，包括芽孢在内的所有微生物均可被杀死。如果灭菌物品体积较大，蒸汽穿透困难，可以适当提高蒸汽压力或延长灭菌时间。

图 2—2—2 手提式高压蒸汽灭菌锅的外观及结构

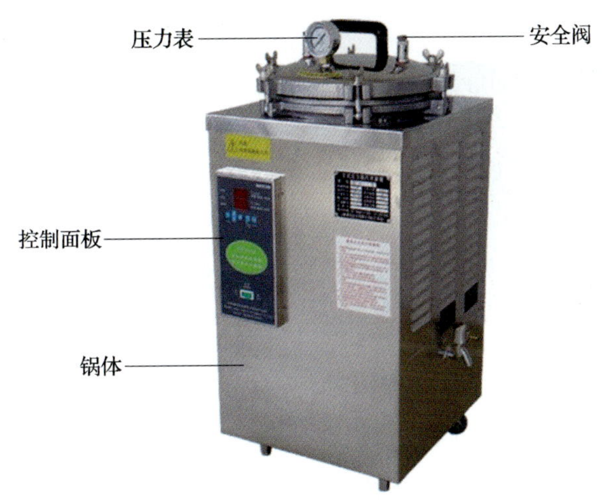

图 2—2—3 立式高压蒸汽灭菌锅的外观及结构

（2）煮沸消毒法。即在温度为 100℃时煮沸 10 ~ 20 min 可杀死所有细菌的繁殖体，芽孢常需煮沸 1 ~ 2 h 才能被杀死。用于饮水、一般器械的消毒，如剪刀。

（3）巴氏消毒法。在食品生产中，有些食物在高温条件下会导致一些营养成分的破坏或食品质量的下降，如牛奶、啤酒等，只能用相对较低的温度进行长时间加热的方法消灭病原微生物，这样既保证了食品的卫生，又不影响食品的质量和风味。一般巴氏消毒的温度为 62℃、时间为 30 min，即可达到消毒目的。此法是由法国微生物学家巴斯德发明，故称巴氏消毒法。

2. 干热灭菌法

细菌的繁殖体在干燥状态下，80 ~ 100℃、1 h 可被杀死；芽孢需要加热至 160 ~ 170℃、2 h 才能被杀灭。

（1）干热灭菌法的机理。在干燥环境下进行的高温灭菌方法，称为干热灭菌法。在高温干燥的环境下使微生物氧化而并非使微生物的蛋白质变性。

（2）干热灭菌法的特点

1）干热灭菌的介质一般是热空气。

2）温度高，一般应大于 200℃，有时甚至达到 320℃。

3）用于玻璃仪器、金属工具等的灭菌。

（3）干热灭菌法的分类

1）火焰灼烧灭菌法。火焰灼烧灭菌法是直接在火焰上进行灼烧的灭菌方法。这种方法灭菌速度快、可靠性较高、操作简单方便，适用于耐火焰的物质（如金属、玻璃、瓷器等）。但该方法的使用范围有限，实验室中常用酒精灯的火焰对接种环（见图 2—2—4）、试管口、瓶口和吸管口等进行灭菌，一般燃烧 1 ~ 2 min 可达到较好的灭菌效果（见图 2—2—5）。

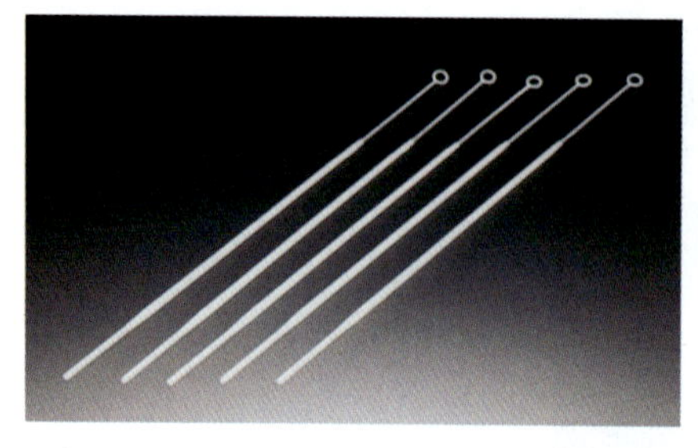
图 2—2—4　接种环

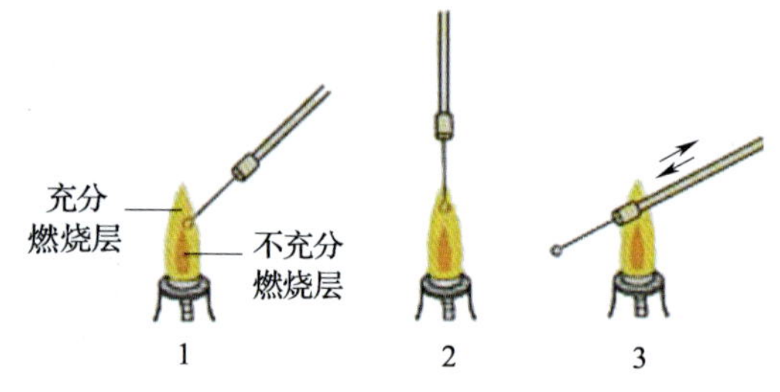

图 2—2—5　接种环灼烧灭菌

2）干烤灭菌。不能直接用火焰进行长时间加热的物品应放在密闭的干热灭菌箱内，利用热空气进行灭菌的方法称为干烤灭菌。这种方法适用于耐高温的各种金属、玻璃等物品以及不允许湿气透过的油脂类和化学粉末灭菌，不适用于橡胶、塑料等材料的灭菌。一般干热灭菌箱的温度为 160℃、维持 2 h 或温度为 140℃、维持 3 h，即可达到灭菌效果。

（4）干热灭菌箱。干热灭菌箱是一个温度高、电流大的方形箱体（见图 2—2—6），其四壁为双层不锈钢结构，中间夹层为石棉网，为防止箱内加热过程散热过快，箱体顶部设有排气装置，升温主要依靠不锈钢加热管，加热空气在箱内循环以达到高温灭菌效果，比较适合玻璃仪器及金属仪器等耐高温材料的消毒灭菌。

3. 辐照灭菌法

（1）紫外照射灭菌法。紫外线因其光谱位于紫色可见光之外，故称紫外线。它是一种杀菌率较强的物理因素，波长在 240 ~ 300 nm 之间都具有杀菌能力，其中波长为 265 nm 时杀伤力最强（是细菌对紫外线吸收最快的波长）。紫外照射灭菌一般使用紫

图 2—2—6 干热灭菌箱的外观及结构

外灯进行，紫外线灯管是一种人工制造的低压汞石英灯管。紫外线杀菌能力与其波长和时间有密切的关系，紫外线的杀菌效率与其强度和时间成正比。当紫外灯和照射距离固定时，其杀菌强度与照射时间的长短呈线性关系，即时间越长，杀菌效果越好。

由于紫外线穿透能力弱，一般适用于对空气、物品表面、水进行消毒灭菌，如微生物无菌室的消毒等。值得注意的是，紫外线对人体皮肤和眼角膜有一定的伤害作用，所以在操作时，一定要关掉紫外灯，避免对人体造成损伤。

（2）电离辐照灭菌法。应用放射性同位素 α 源、β 射线或直线加速器产生的高能量电子束进行灭菌。由于射线穿透力强、被灭菌物品温度变化小，所以适用于忌热物品的常温灭菌，又称“冷灭菌”。电离辐照灭菌法适用于一次性医用塑料制品的消毒、食品的消毒。

4. 化学灭菌法

（1）熏蒸法。加热或加入氧化剂，使消毒剂呈气体，在标准浓度和时间里达到消毒灭菌的目的。室内物品及空气或精密贵重仪器和不能蒸、煮、浸泡的物品（血压计、听诊器以及传染病患者用过的票证等），均可用此法消毒灭菌。

（2）浸泡法。选用杀菌谱广、腐蚀性弱、水溶性消毒剂，将物品浸没于消毒剂内，在标准浓度和时间里达到消毒灭菌的目的。消毒剂能够使菌体蛋白质变性凝固，干扰或破坏细菌的酶系统和代谢，改变细菌细胞壁或细胞膜的通透性，从而达到灭菌效果。

（3）擦拭法。选用易溶于水、穿透性强的消毒剂擦拭物品表面，在标准浓度和时间里达到消毒灭菌的目的。

（4）喷雾法。借助普通喷雾器或气溶胶喷雾器，使消毒剂产生微粒气雾弥散在空气中，进行空气和物品表面的消毒。如用浓度为 1% 的漂白粉澄清液或 0.2% 的过氧乙酸溶液进行空气喷雾。对细菌芽孢污染的表面，每立方米喷雾 2% 的过氧乙酸溶液 8 mL

经 30 min（在 18℃以上的室温下），可达 99.9% 杀灭率。

常用化学消毒剂见表 2—2—1。

表 2—2—1　　常用化学消毒剂

类别	代表	常用浓度	用途	作用机制
醛类	甲醛	36% ～ 40% 10%	熏蒸空气（接种室、培养室） 发酵罐甲醛蒸汽灭菌 组织标本固定	使蛋白质和酶变性
酚类	石碳酸 来苏尔	3% ～ 5% 1% ～ 2%	室内空气喷雾消毒，擦洗污染的桌面、地面 浸泡用过的移液管等玻璃器皿（浸泡 1 h） 皮肤消毒（1 ～ 2 min）	破坏细胞膜，使蛋白质变性
醇类	乙醇	70% ～ 75%	皮肤消毒（对芽孢及孢子无效）或器皿表面消毒	脱水，蛋白质变性
有机酸	乳酸 醋酸 苯甲酸 山梨酸 丙酸盐	80% 或 0.33 ～ 1 mol/L 3 ～ 5 mL/m³ 0.1% 0.1% 0.32%	熏蒸空气（接种室、培养室） 熏蒸空气 食品防腐剂（抑制真菌） 食品防腐剂（抑制霉菌） 食品防腐剂（抑制霉菌）	破坏细胞膜和酶类
无机酸碱类	硫酸 烧碱 NaOH 石灰水	0.01 mol/L 4% 1% ～ 3%	适用于玻璃器皿浸泡 病毒性传染病消毒 粪便消毒、畜舍消毒	破坏细胞膜和酶类
氧化剂	高锰酸钾 漂白粉 过氧化氢 氯气 碘	0.1% ～ 3% 1% ～ 5% 3% $(0.2\sim1.0)\times10^{-6}$ 2.5%	皮肤、水果、茶具消毒 洗刷培养室，饮水及粪便消毒（对噬菌体有效） 清洗伤口 饮用水消毒 皮肤消毒	蛋白质或酶氧化变性
重金属	升汞（$HgCl_2$） 汞溴红（红药水） 硝酸银 硫酸铜	0.05% ～ 0.2% 2% 0.1% ～ 1.0% 与石灰水配成波尔多液	非金属表面器皿消毒及组织分离 体表及伤口消毒 新生儿眼药水 真菌、藻类杀菌剂	蛋白质变性，酶失活
金属螯合剂	8- 羟喹啉硫酸盐	0.1% ～ 0.2%	外用（清洗、消毒） 生化试剂缓冲液的防腐剂	与酶的激活剂或金属活性剂结合，使酶失活

续表

类别	代表	常用浓度	用途	作用机制
去污剂	新洁尔灭（原液为5% 的季铵盐） 肥皂	0.25% 1∶1 000 1∶5 000	皮肤及器皿消毒 浸泡用过的盖片、玻片 皮肤清洁剂	破坏细胞膜，使蛋白质变性
染料	结晶紫	2% ～ 4%	体表及伤口消毒	与细胞膜或细胞质中的核酸结合，破坏其生理功能

三、影响消毒灭菌的因素

1. 温度

一般来说，温度越高，消毒灭菌效果越好。

2. 湿度

空气的相对湿度对气体消毒剂影响显著。

3. 穿透力

物理因子、电离辐射、湿热穿透力较强；紫外线较弱；化学因子环氧乙烷、戊二醛穿透力强，甲醛气体弱。

4. 微生物的抗热能力

不同微生物的抗热能力各有不同，细菌、酵母菌对热较为敏感；但酵母菌、霉菌的孢子对热相对不敏感，具有一定的抗热性。

5. 酸碱度

绝大部分微生物在酸性或碱性环境下较易被杀死。

【任务实施】

一、培养基的高压蒸汽灭菌

1. 准备工作

（1）设备与材料。

配图	名称及规格	
	仪器与设备	1）三角瓶 2）试管 3）移液管 4）高压蒸汽灭菌锅
	材料	1）牛皮纸 2）棉绳 3）棉花

（2）培养基与试剂。

配图	名称及规格	
	培养基	细菌培养基

2. 操作步骤

配图	操作方法	操作说明
	（1）开盖。向左转动手轮数圈，直至转不动，使锅盖充分提起，拉起左立柱上的保险销，向右推开横梁移开锅盖	

续表

配图	操作方法	操作说明
	（2）加水 1）首先将内层灭菌桶取出，再向外层锅内加入适量的水，使水面与三角搁架相平为宜 2）观察控制面板上的水位灯，当加水至低水位时灯灭，高水位灯亮时停止加水。当加水过多发现内胆有存水时，开启下排气阀放出内胆中的多余水量	①一般来说，每次灭菌前都应该加水。加水不能太少，否则会烧干或者爆裂 ②加水最好加去离子水或蒸馏水，这样产生的水垢会少些，而且锅体不容易被腐蚀
	（3）通电。接通电源，此时欠压蜂鸣器响，显示本机锅内无压力，控制面板上的低水位灯亮，锅内处于断水状态	当锅内压力升至约 0.03 MPa 时，蜂鸣器自动关闭
	（4）装锅，放入物品。将装好灭菌物品的灭菌篮放回灭菌桶，并装入待灭菌物品	1）三角烧瓶与试管口端均不要与桶壁接触，以免冷凝水淋湿包口的纸而透入棉塞 2）不要装得太挤，以免妨碍蒸汽流通而影响灭菌效果
	（5）加盖、密封 1）加盖，并将盖上的排气软管插入内层灭菌桶的排气槽内 2）把横梁推向左立柱内，横梁必须全部推入立柱槽内，手动保险销自动下落锁住横梁，旋紧锅盖	以两两对称的方式同时旋紧相对的两个螺栓，使螺栓松紧一致，避免漏气

续表

配图	操作方法	操作说明
	（6）设定温度、时间 1）按确认键，进入温度设定状态，按上下键可以调节温度值 2）再次按确认键，进入时间设定状态，按左键或上下键设置需要的时间 3）再次按确认键，设定完成，仪器进入工作状态，开始加热升温	
	（7）加压、排气、灭菌 1）待水蒸气急剧地将锅内的冷空气从排气阀中驱尽，然后关闭排气阀 2）继续加热，此时由于蒸汽不能逸出而增加了灭菌器内的压力，从而使沸点增高，得到高于100℃的温度，导致菌体蛋白质凝固变性而达到灭菌的目的	①要排尽高压锅内的冷空气，以免造成假压，达不到压力表所指示的相应温度，影响灭菌效果 ②压力要缓慢升高，以免瓶塞陷落、冲出或玻瓶爆裂
	（8）断电、开盖、出锅 1）灭菌结束后，关闭电源 2）待压力表指针回落零位后，开启安全阀或排气排水总阀，放净灭菌室内余气	①待压力表降为“0”时，方可打开高压锅锅盖 ②拿取灭菌锅中的物品时务必戴上手套，以免烫伤 ③若灭菌后需迅速干燥，应打开安全阀或排气排水总阀，让蒸汽迅速排出，使物品上残留的水蒸气快速挥发

3. 高压湿热灭菌操作记录（见表 2—2—2）

表 2—2—2　　高压湿热灭菌锅使用记录表

使用日期：　　　　使用人：

灭菌物品	数量（件）	压力（MPa）	灭菌温度（℃）	灭菌时间（min）	有无异常（有 / 无）	如何预防或排除

二、玻璃器皿的干热灭菌

1. 准备工作

（1）设备与材料。

配图	名称及规格	
	仪器与设备	1）培养皿 2）试管 3）移液管 4）干热灭菌箱
	材料	牛皮纸

（2）玻璃仪器的包扎。包扎的材料包括棉花、牛皮纸、棉绳等。

配图	操作方法		操作说明
	培养皿的包扎	1）一般一次包扎5～8套培养皿	包扎培养皿数目过多不易操作
		2）培养皿垂直于桌面码放好，用牛皮纸包裹，从牛皮纸一端开始卷起	包裹要紧密，便于下一步操作
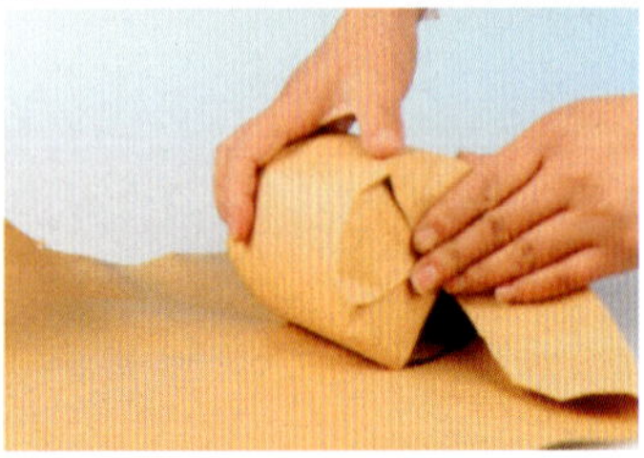		3）包裹过程中，用两侧牛皮纸向培养皿中心折叠，并压紧压实，使侧面平整	包裹过程中，要将牛皮纸下压线压实
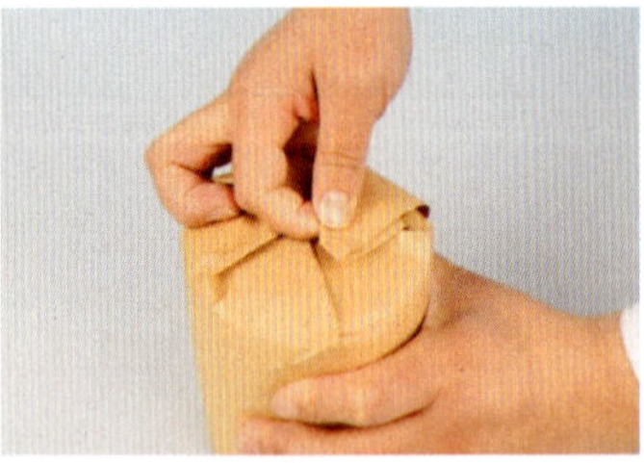		4）待培养皿包裹完全后，将剩余纸折成三角形	三角形要大小适中，起到良好的固定作用，避免牛皮纸松散打开
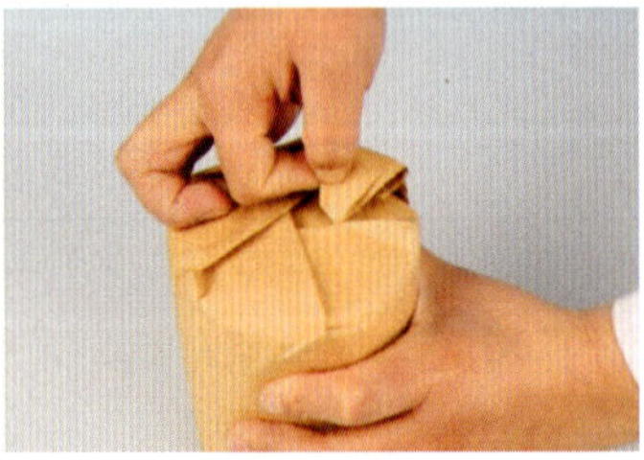 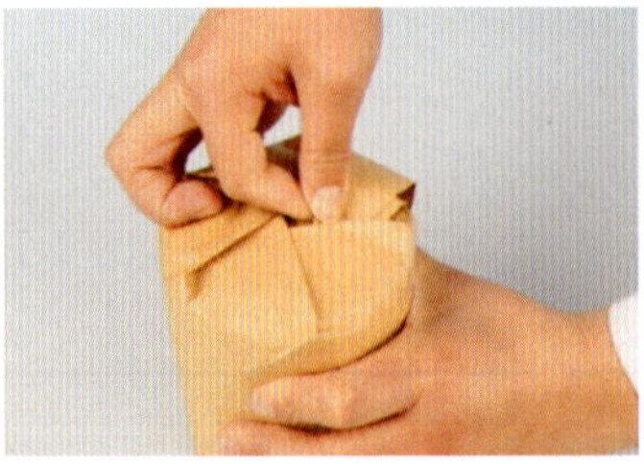		5）将所叠三角形插入侧面的折叠口中	

续表

配图	操作方法		操作说明
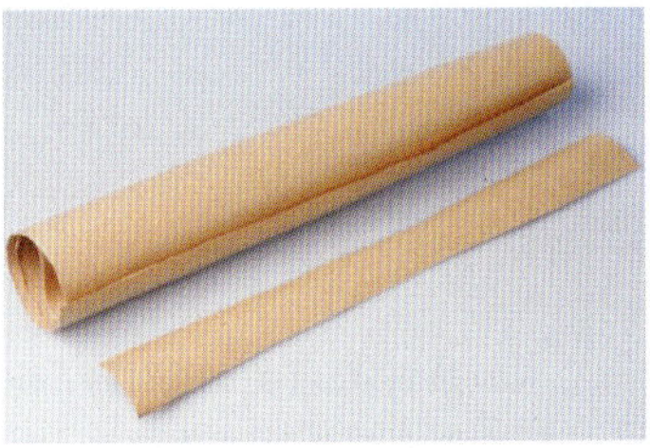	移液管玻璃仪器的包扎	1）报纸或牛皮纸裁成长条状	长宽比为1:8～1:10
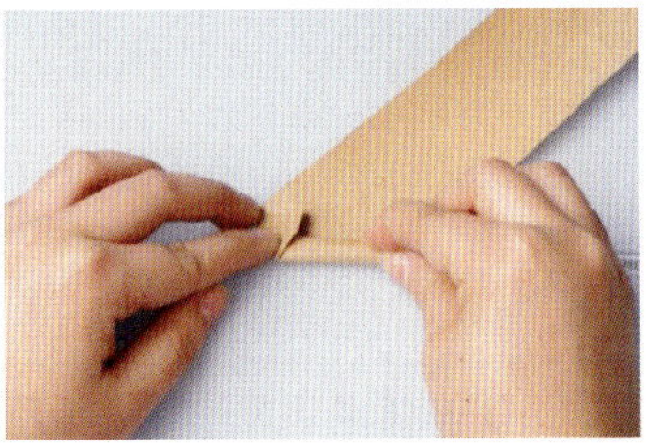		2）将纸条平铺于桌面，从移液管管口开始包扎，直至全部包起	包扎时移液管与纸条成30°角进行操作
		3）在尾部打结	在尾部打结避免包扎纸条散开

2. 操作步骤

配图	操作方法	操作说明
	（1）装入待灭菌物品 1）将玻璃仪器洗净 2）将待灭菌物品用牛皮纸包裹好 3）关闭箱门	①物品不要码放太紧，避免妨碍空气流通 ②灭菌物品不要接触烘箱内壁，避免灭菌过程中包装纸烧焦起火 ③油纸高温下会产生油滴，滴到电热丝上易着火，所以进行干热灭菌的玻璃器皿严禁用油纸包裹

续表

配图	操作方法	操作说明
	（2）升温 1）接通电源，按下开关，打开电烘箱排气孔，让箱内温度迅速上升 2）升至 100℃时关闭排气孔，直至达到设定温度	加热前必须关好箱门，否则不能进入加热工作状态(即送不上电)
	（3）恒温 1）当温度升到 160～170℃时，恒温调节器会自动控制调节温度 2）保持此温度 2 h	①在恒温灭菌过程中，严防恒温调节器自动控制失灵造成的事故 ②灭菌过程中必须有专人进行观察 ③纸张和棉花在 180℃以上时容易焦化起火，所以干热灭菌的温度切莫超过 180℃
	（4）降温。切断电源，自然降温	1）降温前请勿打开箱门取出灭菌物品 2）由于温度急剧下降，会使玻璃器皿破裂，所以烘箱的温度只有降到 60℃以下，才可打开箱门
	（5）开箱取物 1）待电烘箱温度降至 70℃以下时，打开箱门取出灭菌物品 2）取物过程应戴上手套，避免烫伤	温度未降至 60℃时，切勿取出灭菌物品，避免温度骤降导致玻璃器皿炸裂

3. 干热灭菌操作记录（见表 2—2—3）

表 2—2—3　　干热灭菌箱使用记录表

使用日期：　　　　使用人：

灭菌物品	数量（件）	灭菌温度（℃）	灭菌时间（min）	有无异常（有 / 无）	如何预防或排除

【考核评价】

考核步骤	考核点	考核标准	配分	得分
灭菌准备工作	物品的准备	准备完全	5	
	待灭菌物品包扎	包扎方法正确	10	
	待灭菌物品摆放	摆放整齐	5	
	实验室着装	着装整齐	5	
湿热灭菌操作	开盖	手轮旋转方向是否正确 保险销是否拉起	5	
	加水	是否取出锅体再加水 加水水位是否合适	10	
	通电	是否降压 低水位灯是否亮	5	
	放入物品	摆放物品是否合理	10	
	密封	插入排气管 衡量位置	5	
	设定时间和温度	时间设定 温度设定	10	
	开盖取物	降压为零	5	
干热灭菌操作	放入待灭菌物品	码放是否过密	5	
		码放是否与箱壁接触	3	
	升温	箱门是否关严	2	
	恒温	温度是否控制在 180℃之内	5	
	降温	温度是否降至 60℃以下	5	
	台面清洁		5	
合计			100	

【技能拓展】

利用针式滤过器对青霉素溶液进行除菌

一、仪器与设备

无菌针筒、针式过滤器（见图 2—2—7）、青霉素溶液。

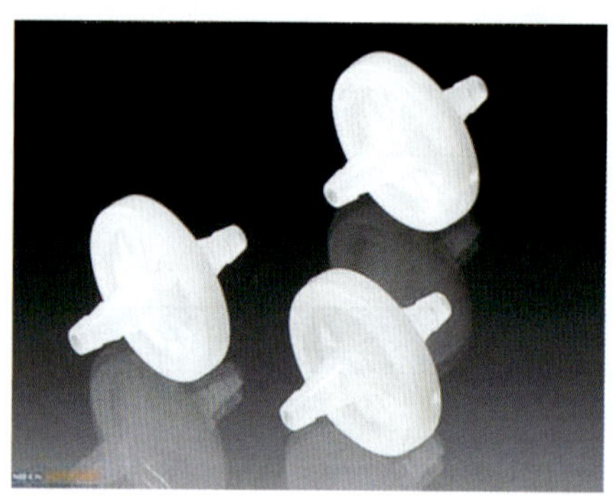

图 2—2—7　针式滤过器

二、操作步骤

1. 对针式过滤器进行灭菌（灭菌前加过滤膜）。
2. 过滤膜用蒸馏水浸湿，置于过滤网眼上，旋好封紧后灭菌。
3. 灭菌后冷却、取出，放在超净工作台上利用紫外灯杀菌。
4. 用注射器吸入待过滤的青霉素溶液，插上一次性针式滤过器。
5. 装好后，手推注射器实现过滤。

三、注意事项

选择针式过滤器时要考虑样品的体积，通常样品量小于 2 mL 时，选用 4 mm 直径的微型过滤器；样品量在 2 ~ 10 mL 之间，选用 13 mm 直径的过滤器；当样品量大于 10 mL 时，选用 25 mm 直径的针式过滤器。

【思考与练习】

1. 简述消毒、灭菌、防腐的概念。
2. 简述消毒灭菌方法的分类。

3. 高压灭菌法的主要操作步骤是什么？其中有哪些是需要注意的？
4. 简述利用干热灭菌箱进行干热灭菌的步骤、类型及适用范围。
5. 灭菌完毕，为什么压力表降到“0”刻度才能打开排气阀？
6. 为什么干热灭菌比湿热灭菌所需温度高且灭菌时间长？

任务 3　无菌室灭菌及无菌检验

【学习目标】

1. 了解无菌室的要求及使用规程，了解常用消毒剂的配制和使用方法。
2. 掌握无菌室常用的灭菌方法。
3. 能正确用紫外线和化学消毒剂对无菌室进行消毒。
4. 正确对无菌室进行无菌检验。

【任务引入】

无菌室是微生物实验室的重要组成部分，是微生物检测的重要场所，其主要功能是为微生物检验创造一个无菌的环境，避免在检测过程中外界环境中微生物的干扰，它是微生物检测质量保证的重要物质基础。因此，作为微生物检验人员，必须具备对无菌室进行正确消毒、灭菌的能力，按照规范要求使用无菌室，保证检测结果的准确性。本任务将完成无菌室灭菌和微生物检验工作。

【任务分析】

通常用空气洁净度来表示无菌室的微生物含量。依据国家标准，空气洁净度有明确的分级标准，无菌室的洁净度应至少达到 10 000 级才能进行微生物检验操作。通常采用喷洒化学消毒剂和紫外线照射对无菌室进行灭菌，并用沉降菌落数法检测无菌室中的微生物含量。

【相关知识】

一、无菌室

无菌室是进行微生物检验工作的重要场所，通过合理的设计、空气的净化和空间灭菌，为微生物检验实验提供一个相对无菌的工作环境。无菌室的环境质量是保证微生物检验结果准确的重要条件，也是评价微生物实验室质量管理的重要依据。

1. 无菌室的要求

（1）无菌室要求严密、避光，有良好的通风条件。

（2）无菌室设有内、外两间，内间是无菌室，外间是缓冲室。无菌操作间洁净度应达到 10 000 级，室内温度保持在 20 ～ 24℃之间，湿度保持在 45% ～ 60% 之间。无菌室的面积不宜过大，一般以 9 ～ 12 m^2 为宜，按每个操作人员占用面积不少于 3 m^2 设置，高以 2.5 m 以下为宜。

（3）无菌室内墙壁光滑，尽量避免死角，以便于刷洗消毒。内、外两间均安装日光灯和紫外线杀菌灯。紫外灯常用规格为 30 W，吊装在经常工作位置的上方，距离地面高度为 2.0 ～ 2.2 m。

（4）工作间内设有固定工作台、空气过滤装置及通风装置。工作台台面应抗热、抗腐蚀，便于清洗消毒。无菌室内如需安装空调，则应有空气净化过滤装置，以便进行微生物检验时达到无尘、无菌状态。

（5）无菌室应安装推拉门，工作间的内门与缓冲间的门尽量迂回，以减少空气流动。

（6）在分隔内间与外间的墙壁或隔扇上，应开一个小窗，作为接种过程中必要的内外传递物品的通道，以减少人员进出内间的次数，从而降低污染程度。小窗应宽 60 cm、高 40 cm、厚 30 cm，内外都挂对拉的窗扇。

（7）无菌室容积小而严密，使用一段时间后，室内温度较高，故应设置通气窗。通气窗应设在内室进门处的顶棚上（即离工作台最远的位置），最好为双层结构，外层为百叶窗，内层可用抽板式窗扇。通气窗可在内室使用后、灭菌前开启，以流通空气。有条件的可安装恒温恒湿机。

2. 无菌室内的设备和用具

（1）缓冲室应有专用的工作服、鞋、帽、口罩，以及盛有来苏水的瓷盆和毛巾、手持喷雾器、5% 的石碳酸溶液等。

（2）无菌室应备有工作浓度的消毒剂，如 5% 的甲酚溶液、70% 的乙醇、0.1% 的新洁尔灭溶液。

（3）内室应有酒精灯、常用接种工具、不锈钢刀、剪刀、镊子、75% 的乙醇棉球、载玻片、特种蜡笔、记录本、铅笔、标签纸、胶水、垃圾筐等。

3. 无菌室的消毒灭菌

无菌室的消毒灭菌通常采取以下几种方法：

（1）用甲醛和高锰酸钾混合熏蒸。一般每平方米需用 40% 的甲醛 10 mL、高锰酸钾 8 mL 进行熏蒸。使用时，先密闭门窗，将甲醛溶液盛入容器中，然后倒入量好的高锰酸钾溶液，人员随之离开接种室，关紧门，熏蒸 20 ～ 30 min 即可。

（2）5% 的石碳酸消毒。用 5% 的石碳酸浸过的纱布或海绵进行擦拭，或用喷雾器喷雾灭菌。

（3）紫外线照射灭菌。在无菌箱中装一个 200 V、30 W 的紫外线灯管，每次开 20 ～ 30 min，就能达到空间杀菌的目的。照射结束后，罩黑布 30 min，以增强杀菌效果。使用紫外灯杀菌需要注意以下几点：

1）紫外灯每次开启 30 min 即可达到灭菌效果，若时间过长，会产生较多臭氧，对工作人员身体不利。因此，紫外线杀菌后工作人员不应马上进入无菌室，应至少间隔 30 min 以上方可进入。

2）紫外灯多次使用后杀菌效率会逐渐降低，应定期对紫外灯杀菌能力进行测定，根据灭菌效果决定是否更换。

3）由于紫外线对皮肤、眼结膜、视神经都有损伤作用，因此开启紫外灯后不应再进入房间。

4）石碳酸喷雾。在每次接种之前，用 5% 的石碳酸溶液喷雾，可促使空气中的微粒和杂菌沉降，防止桌面微尘飞扬，并有杀菌作用。

4. 无菌室工作规程

（1）无菌室应保持清洁，严禁堆放杂物，以防污染。每日进行清扫，每周大扫除。定期进行空气和实验台面的细菌学检测，各项指标应符合无菌室的技术要求。

（2）无菌室内配备空气净化消毒器和紫外灯进行空气消毒。应定期用适宜的消毒剂灭菌清洁，以保证无菌室的洁净度符合要求。

（3）接种室和缓冲室使用前，用 5% 的石碳酸溶液喷雾消毒。把所需要的仪器、平皿等物品带入无菌室，然后打开紫外灯杀菌 30 min，关掉紫外灯 30 min 后方可进入操作。

（4）进入无菌室前，必须用肥皂或消毒液洗手消毒，然后在缓冲间更换专用工作服、鞋、帽、口罩和手套（或用 75% 的乙醇棉球再次擦拭双手）。

（5）接种前，用 75% 的乙醇棉球擦手和实验台面。进行无菌操作时，要严格认真，动作轻捷，尽量减少空气流动。操作中少说话，以保持环境的无菌状态。

（6）操作时应注意安全。如小面积着火，可用湿布覆盖灭火；如打破菌瓶，可用抹布蘸 5% 的石碳酸进行清理，然后倒入废物桶内，避免微生物污染。每次的污染物应小心地放在盘内，盖严后拿出室外深埋或烧掉。

（7）操作完成后应将台面收拾干净，所有物品使用后立即放回原处。取出培养物及废物桶，用5%的石碳酸喷雾，再打开紫外灯照射30 min。

（8）无菌室应每月检查菌落数。

二、无菌室环境的微生物检验

对于无菌室质量的评估，通常用洁净度分级来表示。洁净度是指空气中含尘（包括微生物）量多少的程度。根据GB/T 16292—1996的要求，以单位体积内的尘埃允许数和微生物允许数划分空气洁净度的等级（见表2—3—1）。根据无菌室的不同用途，其空气洁净度可从万级达到百级的标准。无菌室的洁净度通常用空气中的沉降菌数及实验台面的微生物情况来表示。

表2—3—1　空气洁净度分级标准

粒径、数值	尘埃最大允许数（m^3）		微生物最大允许数	
洁净度级别	≥0.5 μm	≥5.0 μm	游浮菌（m^3）	沉降菌（皿）
100级	3 500	0	5	1
1 000级	35 000	200	50	2
10 000级	350 000	2 000	100	3
100 000级	3 500 000	20 000	500	10
300 000级	10 500 000	60 000		15

1. 实验台面微生物检验

实验工作台表面的微生物检验常采用擦拭法，即用灭菌的棉签擦拭实验台面的不同区域，然后将棉签涂抹在灭菌的固体培养基表面，根据培养后生长的菌落情况判断灭菌是否彻底，也可判断消毒剂作用效果，以便及时更换消毒剂。

2. 无菌室空气微生物检验

对无菌室空气的检验至少要两周进行一次，以确定实验室环境是否达到微生物检验要求，保证微生物检验结果的准确可靠。空气中微生物检验最简单有效的方法称为“沉降菌落数”或沉降平板技术。其操作方法是将无菌室及净化工作台面消毒擦拭后，打开超净工作台开关30 min，将3个营养琼脂平板及3个玫瑰红钠琼脂平板（直径为9 cm）置净化工作台左、中、右各一个，开盖暴露5～10 min后盖上平板盖，将平板置于（36±1）℃的培养箱中培养（48±2）h，计数平板菌落数。根据空气洁净度分级标准（GB/T 16292—1996），100级洁净区平板菌数平均不得超过1个菌落，10 000级洁净区平均不得超过3个菌落。

微生物实验室一旦被污染，使洁净度达不到要求，可以清洗或更换净化工作台过滤器，并用甲醛或丙二醇、乳酸熏蒸消毒。方法是：在支架上放一个烧杯（内装少许甲醛，8 mL/m^3），下面放一个装有少许乙醇的酒精灯，点燃后关闭门窗，待乙醇用尽后酒精灯自灭，甲醛蒸气充满无菌室，密闭 24 h。

三、超净工作台

超净工作台（见图 2—3—1）是一种能够产生局部无菌环境的设备，洁净度可达到 100 级以上。主要由工作台、过滤器、风机、静压箱和支撑体等组成。其工作原理是借助箱内鼓风机的作用令外界空气强行通过一组过滤器，净化的无菌空气连续不断地进入操作台面，并且台内设有紫外线杀菌灯，可对操作台面进行杀菌，保证了操作环境的正压无菌状态，而且在接近外部的一侧有一道高速流动的气帘，防止外部带菌空气进入，实现了局部高洁净度工作环境。

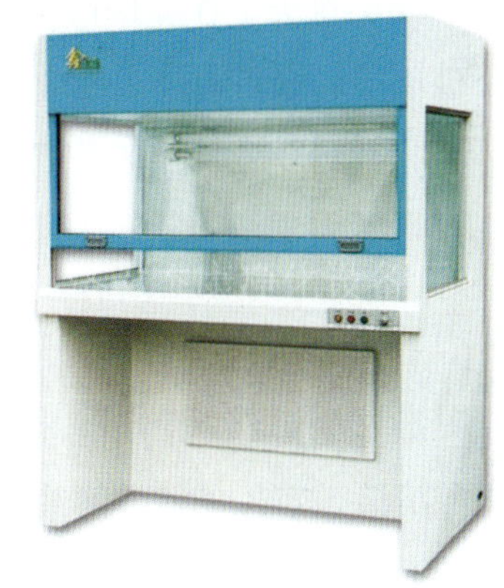

图 2—3—1　单面双人超净工作台

超净工作台具有占地小、使用简单方便、无菌效果可靠、无消毒剂、对人体无害、可移动等优点，经常放在无菌室中使用。对于没有无菌室的小型企业，可代替无菌室使用，以保证无菌操作环境。

1. 超净工作台的使用

（1）接通电源，提前 40 min 开机，同时开启紫外线杀菌灯，处理操作区内表面积累的微生物，30 min 后关闭杀菌灯（此时日光灯开启）。

（2）使用时，先打开无菌风，再关闭紫外灯，同时打开照明灯和前挡板。

（3）用 75% 的乙醇棉球将台面及双手擦拭干净，再进行有关操作。使用过程中所有的操作尽量连续进行，以减少染菌的机会。

（4）操作区为层流区，因此物品的放置不能妨碍正常的空气流通，工作人员尽量避免对着台面说话、咳嗽等，以免造成污染。

（5）工作完毕将台面清理干净，取出培养物及废物，再次用 75% 的乙醇棉球擦拭台面，关闭照明灯、无菌风，放下前挡板，打开紫外灯照射 30 min，切断电源方可离开。

2. 超净工作台的维护

（1）放置超净工作台的房间应该清洁无尘，远离振动及噪声大的地方，防止振动对超净工作台的影响。

（2）根据环境的洁净程度，可定期（一般 2 ~ 3 个月）将粗滤布拆下清洗或给予更换。通电后检查风机转向是否正确、风速大小或操作台是否为负压。

（3）定期（一般为一周）对环境周围进行灭菌工作，同时经常用纱布蘸酒精或丙酮等有机溶剂将紫外线杀菌灯表面擦干净，保持表面清洁，否则会影响杀菌效果。

（4）当加大风机电压已不能使风速达到 0.32 m/s 时，必须更换高效空气过滤器。高效过滤器的使用寿命是 2 年，初效过滤器的使用寿命是 6 ~ 8 个月，按照使用寿命定期更换过滤器，并填写维护记录。

（5）定期对设备进行清洁是确保其正常使用的重要环节。清洁应包括使用前后的例行清洁和定期对过滤器等主要部件的维护和更换处理。

（6）每天工作完毕应整理工作台，用蘸有擦拭液的纱布擦拭工作台，擦拭完毕拉下玻璃门。设备内外表面应光亮洁净，没有污渍，顶部没有灰尘。

（7）每月进行一次维护检查，使工作台处于最佳状态，并填写维护记录。

四、实验室常用消毒剂的配制及用途

微生物实验室常用消毒剂包括 0.1% 的新洁尔灭溶液、5% 的甲酚皂溶液、5% 的石碳酸溶液、75% 的乙醇溶液、2% 的 NaOH 溶液、3% 的双氧水溶液等。

1. 0.1% 的新洁尔灭溶液

（1）配制方法：取 5% 的新洁尔灭溶液 100 mL 加水至 5 000 mL 稀释成 0.1% 的溶液，置干燥容器内密闭保存。

（2）用途：用于皮肤、工具、设备、容器、房间，具有地漏液封、清洁、消毒等作用。

2. 5% 的甲酚皂溶液

（1）配制方法：取 50% 的甲酚皂溶液 50 mL 加水至 5 000 mL 稀释成 5% 的溶液，置干燥容器内密闭保存。

（2）用途：用于地漏液封。

3. 5% 的石碳酸溶液

（1）配制方法：50 g 石碳酸溶于 1 000 mL 蒸馏水中，置干燥容器内密闭保存。

（2）用途：用于工具、设备、容器、房间，具有地漏液封、清洁、消毒等作用。

4. 75% 的乙醇溶液

（1）配制方法：取 95% 的乙醇溶液 3 947 mL 加水至 5 000 mL 稀释成 75% 的溶液，置干燥容器内密闭保存。

（2）用途：用于皮肤、工具、设备、容器、房间的消毒。

5. 2% 的 NaOH 溶液

（1）配制方法：称取 NaOH 80 g，加水溶解至 4 000 mL，置干燥容器内密闭保存。

（2）用途：用于玻璃、不锈钢、橡胶类器具的消毒。

6. 3% 的双氧水溶液

（1）配制方法：取 30% 的双氧水溶液 1 000 mL 加水至 10 000 mL 稀释成 3% 的溶液，置干燥容器内密闭保存。

（2）用途：用于工具、设备、容器的消毒。

五、消毒剂使用时的注意事项

（1）配制消毒剂时必须两人复核操作。在容器上贴标签，注明品名、浓度、配制时间、配制人。

（2）处理洁净室器具、设备等的消毒剂应定期更换，以免产生耐药菌株，一周更换一次。

（3）配制消毒剂时操作人员必须戴橡胶手套，防止烧伤。

（4）废碱液用冷水稀释后倒入地漏。

【任务实施】

一、实验准备

1. 设备与材料

配图	名称及规格	
	仪器与设备	（1）恒温培养箱：（36±1）℃ （2）冰箱：2～5℃ （3）恒温水浴箱：（46±1）℃ （4）超净工作台

续表

配图	名称及规格	
	材料	（1）灭菌棉签 （2）酒精灯 （3）记号笔 （4）废液缸 （5）灭菌平皿

2. 培养基与试剂

配图	名称及规格	
	培养基与试剂	（1）固体平板计数培养基（已灭菌） （2）5% 的石碳酸溶液 （3）无菌生理盐水（0.9%）

二、无菌室灭菌及微生物检查

1. 无菌室灭菌

配图	操作方法	操作说明
	（1）穿好工作服，戴好口罩、手套。将 3% ～ 5% 的石碳酸溶液倒入喷雾器中	石碳酸对皮肤具有强烈的毒害作用，使用时应注意防护

续表

配图	操作方法	操作说明
	(2) 进入无菌室，由上至下喷洒，先喷洒无菌间，再喷洒缓冲间。喷洒完毕，退出房间并关门，封闭灭菌 0.5 h。打开无菌室和超净工作台的紫外灯，照射 30 min	喷洒石碳酸可与紫外线照射结合进行，增加其杀菌效果 紫外线灭菌后应过 30 min 方可使用无菌室

2. 无菌室微生物检查

配图	操作方法	操作说明
	(1) 进入缓冲间，换好工作服、鞋、帽，戴上口罩，进入无菌室，打开超净工作台无菌风和照明等，用 75% 的乙醇棉球进行手部和实验台面的消毒	进入无菌室之前，观察紫外灯是否已经关闭
	(2) 取灭菌平皿，点燃酒精灯，倒入恒温水浴保存的培养基 10 ~ 15 mL，盖上平皿盖	培养基在电炉上溶化后，放入 50℃的水浴中保温待用
	(3) 轻轻摇动培养皿，使其均匀分布在平皿底部，然后平置于桌面上，冷却后即为固体平板	培养基不能溢出平皿

续表

配图	操作方法	操作说明
	（4）取出棉签，盖上瓶盖，用棉签擦拭超净工作台台面约 2 cm^2 范围	棉签取出之前，按压出试管内壁多余水分
	（5）左手持平板，在火焰旁用拇指开启皿盖一角，在平板培养基表面将棉签滚动一下，立即关闭皿盖	

3. 无菌室空气无菌程度检查

配图	操作方法	操作说明
	（1）选取三个空气取样点，分别在操作区台面左、中、右各放一个。打开三个平皿的皿盖，暴露于空气中 10 min 后盖好皿盖；一个不打开作为对照	
	（2）将所有的琼脂平板翻转，置于 37℃的恒温培养箱中培养两天	平皿要倒置

三、填写操作过程记录（见表 2—3—2）

表 2—3—2　　无菌室微生物检查记录表

记录人：　　　　记录日期：

取样地点	灭菌方法	平板序号	培养温度	培养时间	菌落数	平均菌落数
无菌室空气		1				
		2				
		3				
		平板空白				
实验台面		1				
		2				
		3				
		平板空白				

依据 GB/T 16292—1996 空气洁净度分级标准。100 级洁净区平板杂菌数平均不得超过 1 个菌落，10 000 级洁净室平均不得超过 3 个菌落。根据平板菌落数量确定实验台面消毒是否彻底。

【考核评价】

考核点	考核标准	配分	得分
无菌室空气灭菌	石碳酸溶液配制正确	20	
	石碳酸喷洒方法正确		
	紫外线灭菌方法正确		
超净工作台使用	超净工作台消毒方法正确	40	
	超净工作台台面整洁		
	正确开关无菌风		
	正确使用紫外灯灭菌		
实验台面消毒	平板制备方法正确	20	
	台面消毒全面、彻底		
手消毒	使用 75% 的乙醇棉球消毒	20	
	手部消毒全面、彻底		
合计		100	

【思考与练习】

1. 为什么说无菌室在微生物检验工作中具有重要的作用?

2. 无菌室灭菌通常采用哪些方法?

3. 紫外线灭菌应注意哪些问题?

4. 无菌室在设计时有哪些要求?

5. 单用紫外线照射杀菌，检查灭菌效果；使用石碳酸熏蒸和紫外线照射结合杀菌，检查灭菌效果。比较两种灭菌方法的灭菌效果。

项目三

微生物接种、分离纯化及菌种保藏

任务 1　微生物接种技术

【学习目标】

1. 了解常用的微生物接种方法。
2. 了解微生物的生长特点。
3. 掌握无菌操作技术。
4. 利用学习资料，与小组成员合作完成斜面接种和液体接种。

【任务引入】

在啤酒生产过程中，需要将啤酒酵母（见图 3—1—1）的种子液逐级扩大培养，以实现最终的啤酒发酵生产。接种是将一种微生物的培养物或含有微生物的样品移接到另一种灭过菌的新培养基中。通过转接可以使菌种增殖，并达到鉴定及保藏菌种的目的。本任务将完成啤酒酵母的接种工作。

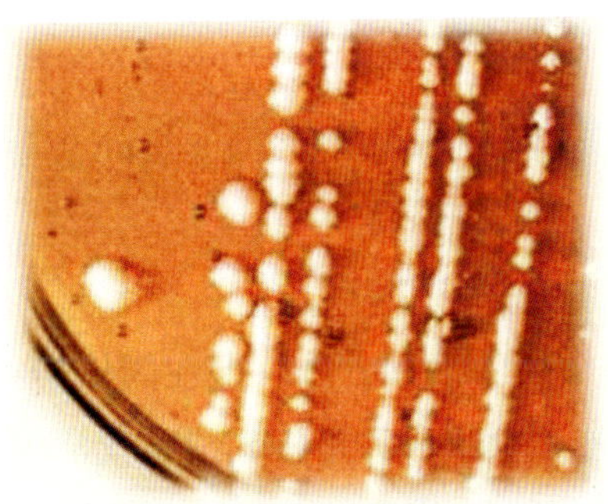

图 3—1—1　啤酒酵母菌落

【任务分析】

接种的关键是使用接种工具按正确的方法进行无菌操作，因为如果操作不慎将会引起菌种污染，将会影响下一步工作的顺利进行，甚至导致发酵失败。因此，接下来要了解无菌操作技术及微生物的培养知识。

【相关知识】

一、接种技术

1. 接种工具

在实验室或工厂实践中，使用最多的接种工具（见图 3—1—2）是接种环和接种针。接种环是将一段铂金丝安装在防锈的金属杆上的一种工具，市场上多以镍铬丝代替。接种环多用以挑取菌苔或液体培养基；接种针多用以挑取菌丝、孢子丝等。由于接种要求或方法的不同，接种针的针尖部常做成不同的形状，如刀形、耙形等。有时滴管、吸管也可作为接种工具进行液体接种。另外，在固体培养基表面要将菌液均匀涂布时，则需要用到涂布棒。

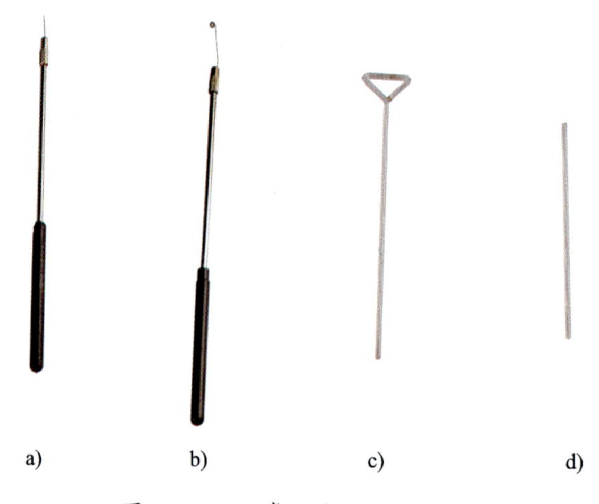

图 3—1—2 常见接种和分离工具

a）接种针 b）接种环 c）三角涂布棒 d）玻璃棒

2. 接种方法

（1）划线接种。这是最常用的接种方法。即在固体培养基表面做来回直线形的移动，就可达到接种的目的。在斜面接种和平板划线中就常用此法。

（2）浇混接种。该法是将待接种的微生物先放入培养皿中，然后再倒入冷却至45℃左右的固体培养基，迅速轻轻摇匀，这样菌液就达到稀释的目的。待平板凝固之后，置合适温度下培养，就可长出单个的微生物菌落。

（3）涂布接种。该接种方法与浇混接种略有不同。先倒好平板，让其凝固，然后再将菌液倒在平板上面，迅速用涂布棒在表面做左右涂布的移动，让菌液均匀分布，就可长出单个的微生物菌落。此法常用于对菌种的分离或纯化。

（4）三点接种。在研究霉菌形态时常用此法。即把少量的微生物接种在平板表面上，成等边三角形的三点，让它各自独立形成菌落后，来观察、研究它们的形态。除三点接种外，也有一点或多点接种。在研究霉菌形态时常用此法。

（5）穿刺接种。在保藏厌氧菌种或研究微生物的动力时常采用此法。做穿刺接种时，常用的接种工具是接种针。培养基一般采用半固体培养基。做法是：用接种针蘸取少量的菌种，沿半固体培养基中心向管底做直线穿刺，如某细菌具有鞭毛而能运动，则在穿刺线周围能够生长。在厌氧菌接种时常采用此法。

（6）液体接种。从固体培养基中将菌洗下，倒入液体培养基中，或者从液体培养物中用移液管将菌液接至液体培养基中，或者从液体培养物中将菌液移至固体培养基中，都可称为液体接种。此法常用于菌种的扩大培养。

二、无菌操作技术

自然环境中微生物种类繁多，分布广泛，如空气中、水中、实验台面、人体表面、实验工具表面都存在着微生物，但是人的肉眼却看不见，相对于要培养的微生物，人们将这些微生物都定义为外源微生物。当进行微生物培养时，外源微生物随时可能潜入培养基中，同目的培养物一起生长，造成严重的污染，导致实验失败并造成损失。因此，在开展微生物工作时，必须在头脑中牢固树立“无菌概念”，同时要掌握一套过硬的“无菌操作”技术。所谓无菌操作，即在进行微生物培养时，为如期获得无杂菌污染的微生物，需要在接种操作过程中实施一系列防止外源微生物侵入的操作手段和技术。这是保证微生物研究正常进行的关键，其操作要点主要包括以下几个方面：

1. 培养基、操作工具的灭菌

培养基在使用前应彻底灭菌，一般常采用高压蒸汽灭菌。容器、接种工具、培养皿、吸管、试管、接种环（针）、涂布棒等可利用干燥箱或酒精灯的火焰进行干热灭菌。

2. 操作环境无菌

要保证接种过程中不遭受外源微生物的侵入，就要创造一个没有外源微生物的工作环境，一般可通过以下三种途径来实现：①无菌室，即在专门的微生物检验室即无菌室进行操作，使用前按照要求对无菌室进行彻底灭菌；②超净工作台，使用超净工作台能为微生物操作提供局部高度洁净的无菌工作区域；③局部无菌，酒精灯相对于超净工作台来说可以创造小的局部无菌环境，其稳定燃烧的火焰周围和顶部形成不含微生物的无菌区域。

3. 接种动作规范、熟练

规范、熟练的接种动作不但可以缩短操作时间，减少操作染菌的概率，也会使工作效率大大提升，因此必须熟练掌握接种动作。

三、微生物的培养

微生物的培养方法根据对氧气的需要分为好氧培养和厌氧培养，根据培养基的物理特性分为固体培养和液体培养。

1. 好氧培养方法

（1）固体培养方法。将菌种接种在含有凝固剂（如琼脂）的固体培养基表面，使其在空气中生长。它包括试管斜面、培养皿平板及茄瓶斜面等平板培养方法。

（2）液体培养方法。实验室主要采用摇瓶培养法，在往复式或旋转式摇床上震荡培养，菌种接种到装有液体培养基的三角烧瓶中；也有采用静置的试管液体培养法和三角瓶浅层培养法，适用于兼性厌氧菌的培养；实验室也采用小型台式发酵罐，模拟发酵条件研究（见图 3—1—3）。

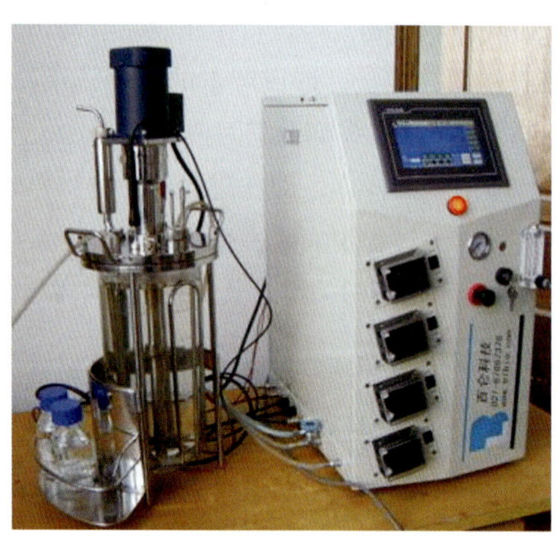

图 3—1—3　实验室用小型台式发酵罐

2. 厌氧培养方法

微生物的厌氧培养不需要供给氧气，氧气对厌氧微生物有害。因此，要采用各种方法去氧或置于氧化还原电位低的条件下进行培养。

实验室中的厌氧培养需要特殊的培养装置，在培养基中加入还原剂和氧化还原指示剂。早期采用厌氧培养皿方法，现在采用厌氧手套箱、厌氧柜和厌氧罐等方法（见图 3—1—4）。

图 3—1—4 厌氧手套箱

四、微生物的生长

微生物的生长包含个体生长和群体生长。由于微生物个体生长时间一般很短，很快就进入繁殖阶段，生长和繁殖实际上很难分开。群体生长表现为细胞数目或群体细胞物质的增加。工业发酵的过程就是微生物群体细胞新陈代谢的过程，因此研究群体生长具有更加现实的意义。

1. 单细胞微生物的生长特征

无分支单细胞微生物主要包括原核生物的细菌和真核生物的酵母菌。群体生长是以群体中微生物细胞数量的增加来表示的，其生长速率是指单位时间内细胞数目或细胞生物量的增加。将少量菌种接种到一定容积的培养液中进行培养，定时取样，测定菌数，以菌数对数为纵坐标、以生长时间为横坐标作图即可得到生长曲线。以细菌为例，其生长曲线可以分为四个时期（见图 3—1—5）。

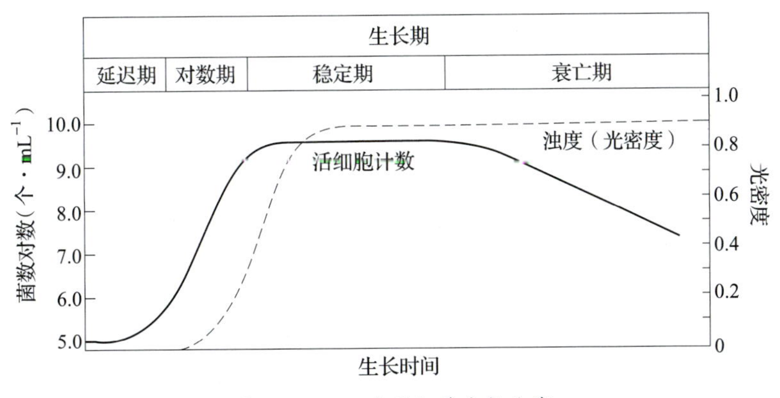

图 3—1—5 典型细胞生长曲线

（1）延迟期（迟缓期）。菌体接种到新培养基上，菌体不立即生长、繁殖，菌体数不变或减少。其原因是微生物在调整代谢，适应环境。这一时期的特点有：

1）细胞质均匀，代谢活力很强。

2）蛋白质和 RNA 含量增加，菌体体积显著增大。

3）细胞数量不增加，生长速度为 0。

4）对环境变化较敏感。

（2）对数期（指数期）。细菌细胞开始分裂，细胞数目按指数定律急剧增加，即 2、4、8、16 等。这一时期的特点有：

1）细胞代谢活跃，生长速率高。

2）群体中细胞的化学组成、形态、生理与特性一致。

3）细菌世代时间最短，生长速率最大。

4）不同细菌对数期，世代时间不同。同一细菌而不同条件，世代时间不同。

（3）稳定期。由于营养物质消耗，代谢产物积累。加上 pH 值的变化，氧气消耗，培养基失去平衡甚至产生有毒物质，导致细胞生长速率下降，死亡率升高。这一时期的特点有：

1）生长速率和死亡率相等。

2）活细菌保持相对稳定，活菌数量较多。

3）细胞开始积累储藏物质（β－羟丁酸）形成芽孢，有较强的抗性。

（4）衰亡期。生长条件进一步恶化，使细胞内的分解代谢大大超过合成代谢，继而导致菌体的死亡。这一时期的特点有：

1）生长速率为负，即死亡率高于生长速率。

2）细胞的形态发生变化，出现不规则的衰退形。

3）释放次生代谢产物，如芽孢等。

4）菌体开始自溶。

2. 丝状微生物群体生长的特征

丝状微生物包括具有分支的原核生物放线菌和真核生物丝状真菌。在液体培养基中也可以形成几乎均匀分布的菌丝悬浮液（丝状生长），但多数情况下以沉淀物的方式在发酵液中出现（沉淀生长），沉淀物形态从松散的絮状沉淀到堆集紧密的菌丝球不等。氧气不能穿过菌丝球中心。丝状微生物的群体生长与单细胞微生物的规律类似。生长曲线也明显具有延迟期、对数期、稳定期和衰亡期（见图 3—1—6）。

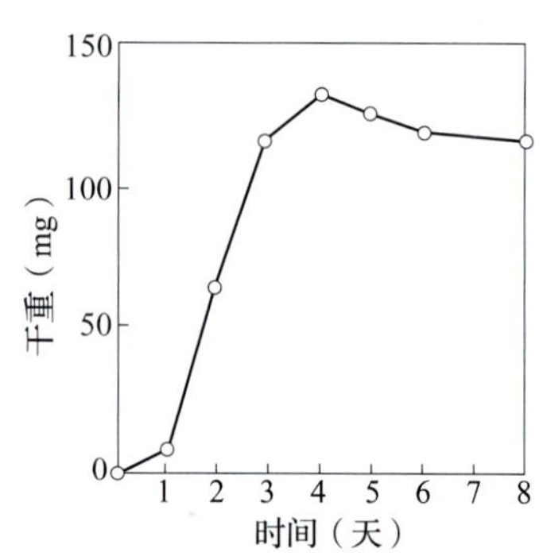

图 3—1—6　丝状真菌的生长曲线

【任务实施】

一、实验准备

配图	名称及规格	
	仪器	（1）水浴摇床 （2）培养皿 （3）电子天平吸管 （4）三角玻璃棒 （5）75% 的乙醇棉球 （6）记号笔 （7）接种环 （8）酒精灯 （9）镊子 （10）火柴
	材料	酵母菌
	培养基	（1）斜面固体培养基 （2）啤酒酵母液体培养基

二、操作步骤

1. 斜面接种

配图	操作方法	操作说明
	（1）贴标签。接种前在距试管口 2～3 cm 的位置贴上标签，注明酵母菌、接种日期、接种人姓名	避免用手拿试管口，防止接种时杂菌污染菌种

续表

配图	操作方法	操作说明
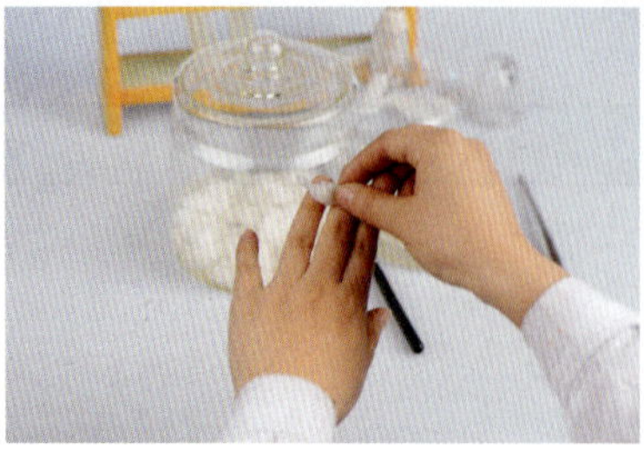	（2）消毒。用75%的乙醇棉球对操作台面、手进行消毒，并点燃酒精灯	待酒精挥发后再点燃酒精灯
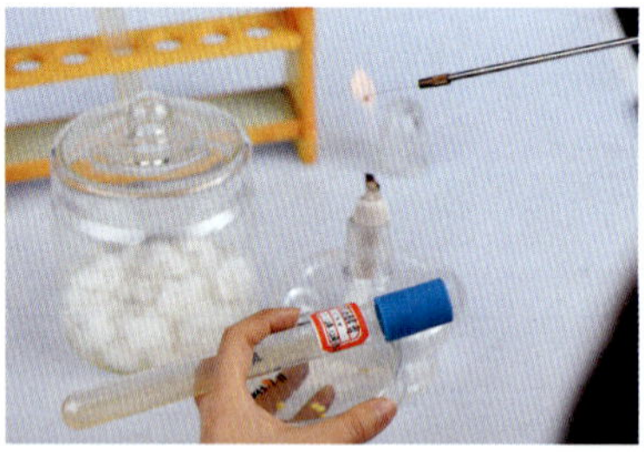	（3）手持试管 1）握好平板，将菌种斜面置于平板上，用食指压好，注意试管口应与平板边缘对齐 2）在火焰旁用右手先将菌种试管的棉塞旋松，以便于接种时顺利拔出	使用酒精灯时注意不要被火焰灼伤或烧到衣物
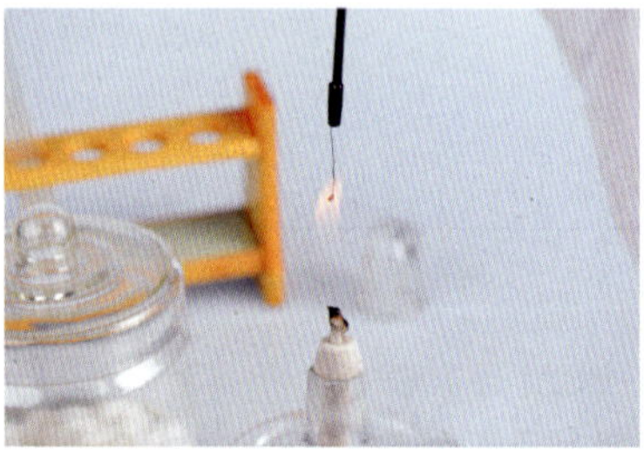	（4）接种环灭菌 1）右手同拿笔方法持接种环 2）先将接种环加热 3）将接种环提起后垂直放在火焰上	待接种环烧红，将其斜放，沿环向上，烧至可能碰到培养皿的部位，再移向环端，如此快速来回通过火焰数次
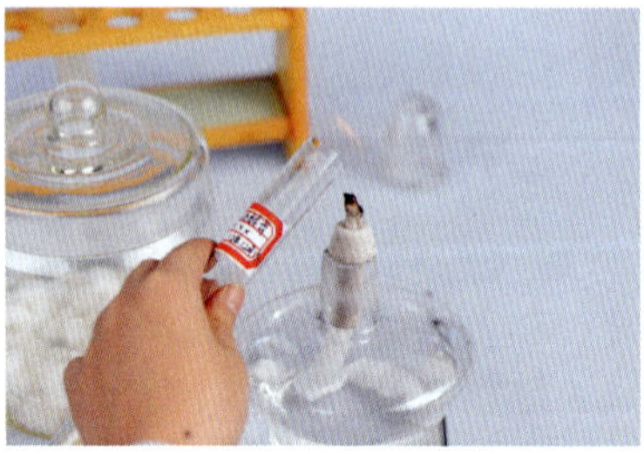	（5）试管口灭菌 1）在火焰旁用右手拇指和食指持棉塞，将其取出，并将棉塞握住，不得任意放在操作台上或与其他物品相接触 2）迅速将试管口通过火焰2～3次	灼烧试管时间不要过长，以免试管口炸裂
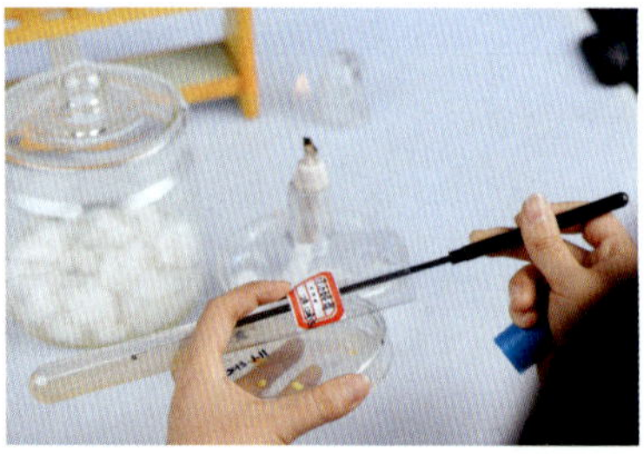	（6）取菌种。将灼烧过的接种环伸入菌种管，先使接种环接触没有长菌的培养基部分，使其冷却至少5 s，然后轻轻蘸取少量菌体，将接种环移出菌种管	取出菌体时注意不要使接种环碰到管壁，取出后不可使菌种接种环通过火焰

续表

配图	操作方法	操作说明
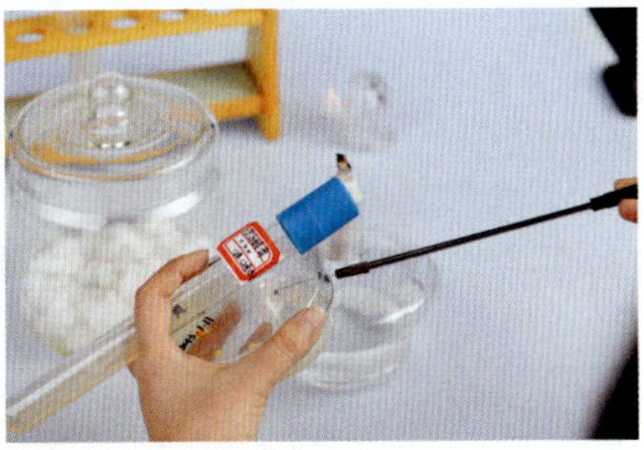	（7）接种。在火焰旁迅速将蘸有菌种的接种环伸入另一支斜面试管。从斜面培养基的底部向上做Z字形来回移动，切勿划破培养基	接种环不要碰到试管口边缘
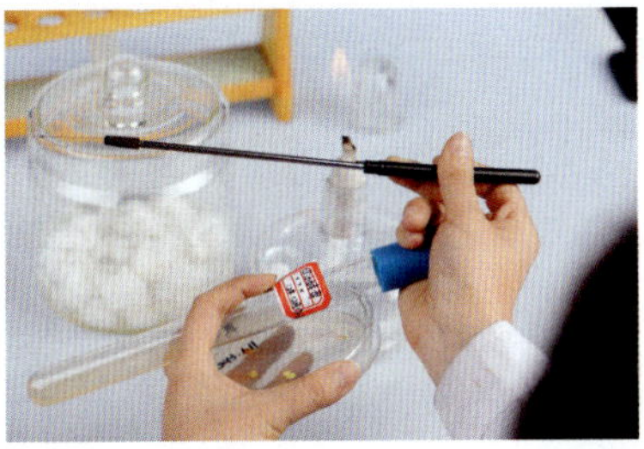	（8）塞上棉塞。取出接种环，灼烧试管口，并在火焰旁将棉塞塞上	塞棉塞时，要主动将棉塞放入试管内，而不要移动试管，以免试管在移动时接触不洁空气
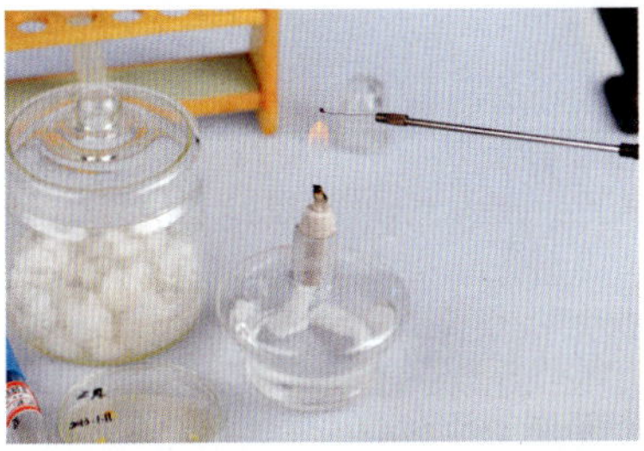	（9）接种环灭菌。将接种环灼烧灭菌，放下接种环，再将试管塞旋紧	接种环放回实验台前应再次在火焰上灼烧灭菌，以免造成实验台污染
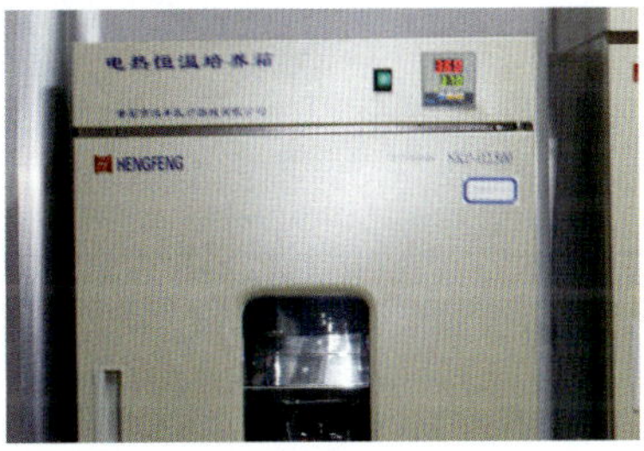	（10）培养。将接种过的平面倒放在培养箱中，置于28℃的恒温箱中培养36 h	

2. 液体接种

配图	操作方法	操作说明
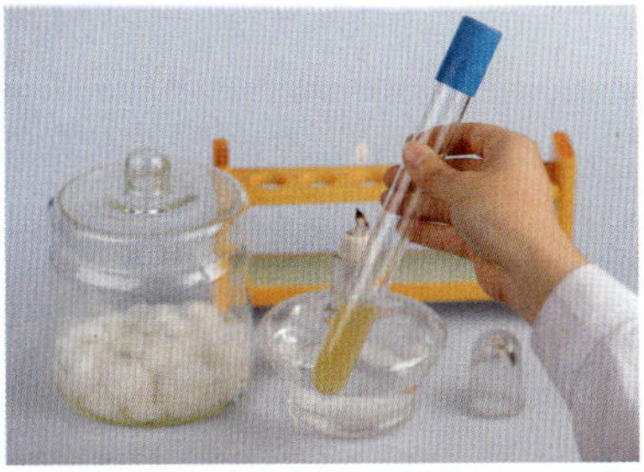	（1）轻轻摇动盛有酵母菌菌液的试管	不要使菌液溅到管口或管帽上

续表

配图	操作方法	操作说明
	（2）取一支灭菌吸管，在尾部插入洗耳球，伸入摇匀的菌液中，吸取10 mL菌液后迅速移至锥形瓶中	注意无菌操作
	（3）将锥形瓶瓶塞打开，移入所取菌种	注意移液管管口不要碰到锥形瓶瓶壁，也不要将其没入培养基
	（4）取下洗耳球，将用过的吸管放入废物桶中。在温度为28℃的水浴摇床中培养24 h	废物桶桶底必须垫有泡沫塑料等软垫，以防吸管嘴破损

三、实验记录

将实验结果记录于表3—1—1中。

表3—1—1　　微生物接种记录表

实验内容：　　实验时间：　　实验员：

接种方式	菌种	划线状况（图示）/接种量（%）	接种数量	有无污染
斜面接种				
液体接种				

【考核评价】

<table>
<tr><th>考核点</th><th>考核标准</th><th>配分</th><th>得分</th></tr>
<tr><td rowspan="3">实验准备</td><td>仪器准备齐全，并摆放整齐</td><td rowspan="3">10</td><td rowspan="3"></td></tr>
<tr><td>待接菌种准备齐全、生长良好</td></tr>
<tr><td>斜面固体培养基和啤酒酵母液体培养基配制正确</td></tr>
<tr><td rowspan="7">斜面接种</td><td>标签内容准确，位置恰当</td><td rowspan="7">30</td><td rowspan="7"></td></tr>
<tr><td>消毒彻底</td></tr>
<tr><td>试管握姿正确、自然</td></tr>
<tr><td>接种环灭菌彻底，动作熟练</td></tr>
<tr><td>接种量适宜，划线准确、自然</td></tr>
<tr><td>棉塞、接种环再次灭菌</td></tr>
<tr><td>培养条件正确，培养时间适宜</td></tr>
<tr><td rowspan="4">液体接种</td><td>种子液混合均匀</td><td rowspan="4">25</td><td rowspan="4"></td></tr>
<tr><td>种子液吸取准确</td></tr>
<tr><td>注意无菌操作，操作工具灭菌彻底</td></tr>
<tr><td>培养条件正确，培养时间适宜</td></tr>
<tr><td rowspan="3">实验记录</td><td>记录内容真实、准确</td><td rowspan="3">15</td><td rowspan="3"></td></tr>
<tr><td>划线接种生长良好，无污染</td></tr>
<tr><td>液体接种量准确，生长良好，无污染</td></tr>
<tr><td rowspan="2">报告</td><td>真实反映实验操作过程</td><td rowspan="2">20</td><td rowspan="2"></td></tr>
<tr><td>报告结果正确，用语准确恰当</td></tr>
<tr><td>合计</td><td></td><td>100</td><td></td></tr>
</table>

【思考与练习】

1. 简述斜面接种的操作流程。
2. 画出细菌的典型生长曲线，并简述各个时期的特点。
3. 探讨在无菌操作中的注意事项。

任务 2　微生物分离纯化

【学习目标】

1. 了解常用微生物的分离纯化方法。
2. 熟悉常见微生物的菌落特征。
3. 能用平板划线法和涂布法对微生物进行初步分离纯化。
4. 利用学习资料，以小组协作方式完成菌落形态的观察与记录。

【任务引入】

某啤酒厂菌种室工作人员发现该厂所用啤酒酵母（见图 3—2—1）在进行菌种扩大培养时，由于菌种受到污染，导致发酵时间延长，酒精转换率下降。为此，要对菌种进行分离纯化，使生产恢复正常。本任务将对啤酒酵母菌种进行分离纯化。

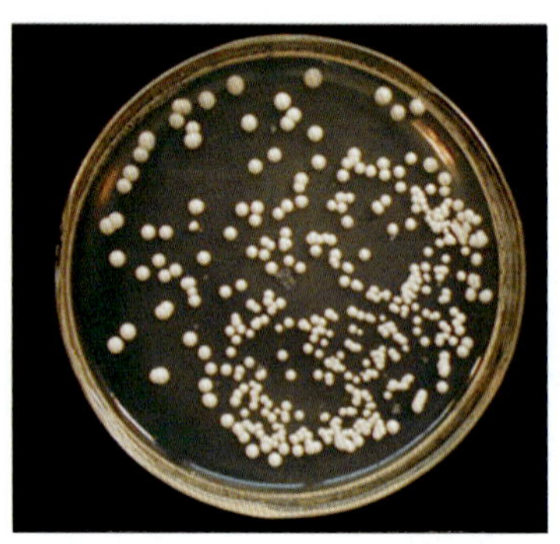

图 3—2—1　酵母生长菌落

【任务分析】

酿造啤酒过程中，往往采用纯人工培养的菌种进行啤酒的发酵，菌种质量的好坏会严重影响产品的正常发酵和成品啤酒的质量。在实际生产中由于操作不当可能造成菌种污染，从而导致发酵提前终止。通过纯种分离，可以对污染的菌种重新分离，得到纯种以继续生产。分离纯化的关键步骤是通过划线或涂布等操作得到单菌落，同时操作过程必须严格按照无菌操作技术来进行，防止其他微生物的混入。

【相关知识】

一、分离纯化的方法

微生物学中把含有一种以上的微生物培养物称为混合培养物。如果在一个菌落中所有细胞均来自于一个亲代细胞，那么这个菌落称为纯培养。在进行菌种纯化时，所用的微生物均要求为纯的培养物。得到纯培养的过程称为分离纯化，常用以下几种方法：

1. 平板划线法

最简单的分离微生物的方法是平板划线法。此法是用无菌的接种环取少许培养物在平板上进行划线。划线的方法很多，常见的比较容易出现单个菌落的划线方法有斜线法、曲线法、方格法、放射法、四格法等（见图 3—2—2）。当接种环在培养基表面往后移动时，接种环上的菌液逐渐稀释，最后在所划的线上分散着单个细胞，经过培养，每一个细胞长成一个菌落。

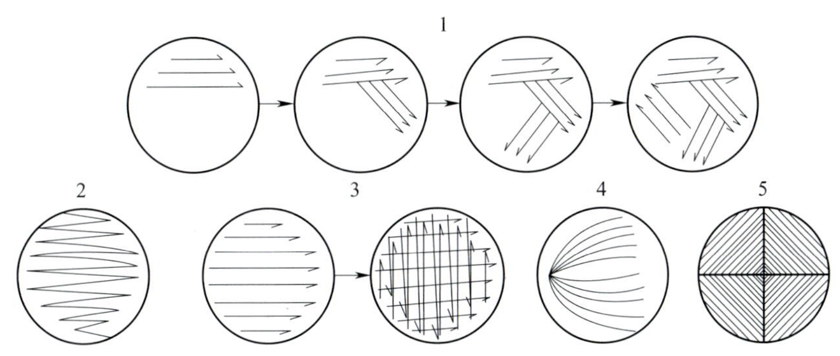

图 3—2—2　平板划线分离法

1—斜线法　2—曲线法　3—方格法　4—放射法　5—四格法

2. 涂布平板法

首先对微生物悬液进行适当稀释，取一定量的稀释液放在无菌且已经凝固的营养琼脂平板上，然后用无菌的玻璃刮刀把稀释液均匀地涂布在培养基表面，经恒温培养，便可得到单个菌落。

3. 倾注平板法

首先对微生物悬液进行一系列稀释，取一定量的稀释液与溶化好的温度保持在 40 ~ 50℃的营养琼脂培养基充分混合，然后把混合液倾注到无菌的培养皿中，待凝固后，将平板倒置在恒温箱中培养。单一细胞经过多次增殖后形成一个菌落，取单个菌落制成悬液，重复上述步骤数次，便可得到纯培养物。

4. 富集培养法

富集培养法的操作原理非常简单。可以创造一些条件只让所需的微生物生长，在这些条件下，所需的微生物能有效地与其他微生物进行竞争，并在生长能力方面远远超过其他微生物。所创造的条件包括选择最佳的碳源、能源、温度、光、pH 值、渗透压和氢受体等。在相同的培养基和培养条件下，经过多次重复移种，最后富集的菌株很容易在固体培养基上长出单菌落。如果要分离一些专性寄生菌，就必须把样品接种到相应敏感宿主细胞群体中，使其大量生长。通过多次重复移种，便可得到纯寄生菌。

5. 厌氧法

在实验室中，为了分离某些厌氧菌，可以利用装有原培养基的试管作为培养容器，把这支试管放入沸水浴中加热数分钟，以便逐出培养基中的溶解氧。然后快速冷却，并进行接种。接种后，将无菌的石蜡加入培养基表面，使培养基与空气隔绝。另一种方法是：在接种后，利用 N_2 或 CO_2 取代培养基中的气体，然后在火焰上把试管口密封。有时为了更有效地分离某些厌氧菌，可以把所分离的样品接种于培养基上，再把培养皿放在完全密封的厌氧培养装置中。

二、微生物的菌落特征

菌落是由某一微生物的少数细胞或孢子在固体培养基表面繁殖后所形成的子细胞群体，因此，菌落形态在一定程度上是个体细胞形态和结构在宏观上的反映。由于每一大类微生物都有其独特的细胞形态，因而其菌落形态特征各异（见图 3—2—3）。

图 3—2—3　常见菌落特征及描述

1. 菌落特征的描述

菌落特征通常从以下几个方面进行描述：

（1）大小：大、中、小、针尖状等。

（2）颜色：红、黄、黑、土色、乳白色、青、灰等。

（3）干湿：干燥、黏稠、湿润。

（4）质地：松散、紧密。

（5）形态：圆形、不规则形等。

（6）表面：扁平、隆起、凸凹等。

（7）透明度：透明、半透明、不透明。

（8）边缘：整齐、不整齐、锯齿状、不规则状等。

2. 常见菌种的形态特征

掌握和熟悉四大类微生物（细菌、酵母菌、放线菌、霉菌）的形态特征，对于菌种的识别、筛选和鉴定都具有重要的意义。四大类微生物的菌落特征见表3—2—1。

表3—2—1　　四大类微生物的菌落特征

细菌	酵母菌	放线菌	霉菌
（1）一般形态特征为较湿润、较光滑、较透明、较黏稠 （2）菌落易挑取，质地均匀，小而凸起或大而平坦 （3）菌落正反面、边缘与中央部位的颜色一致，一般有臭味或酸败味等	酵母菌形成与细菌菌落相似的菌落 （1）菌落呈圆形或卵圆形，较湿润，较黏稠，表面较光滑 （2）菌落易挑取，菌落质地均匀，比细菌菌落大而厚，较不透明 （3）菌落正反面、边缘与中央部位的颜色一致，颜色多为乳白色，少数为红色，多带酒香味	（1）菌落干燥、不透明，小而紧密，呈放射状 （2）菌落表面呈粉状、颗粒状；菌落和培养基连接紧密，难以挑取，或者整个菌落被挑起而不破碎 （3）菌落颜色多样，正反面颜色常不一致，其边缘的琼脂平面有变形现象，带有泥腥味	霉菌与放线菌的菌落相似 （1）菌落干燥、不透明，表面常呈绒毛状、棉絮状，边缘呈丝状 （2）菌落较易挑取，大而疏松或大而致密 （3）菌落正反面、边缘与中央部位的颜色、构造常不一致，往往有霉味

2. 平板涂布法

配图	操作方法	操作说明
	（1）吸菌液。用三支无菌吸管分别从三管土壤稀释液中吸取 1 mL，然后对号放入已写好稀释度的平板中	无菌操作（参照酵母菌技术平板计数）
 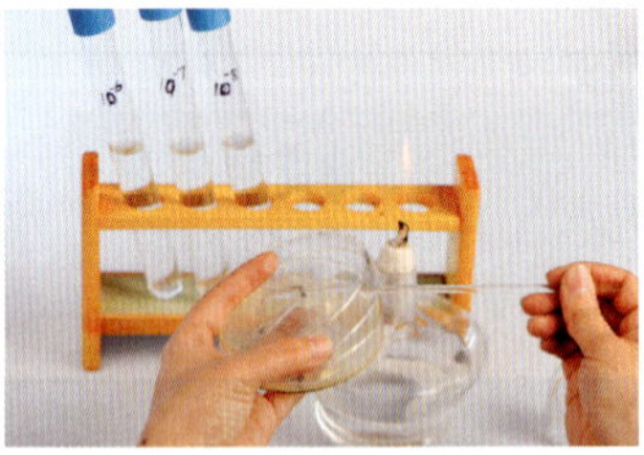	（2）涂布 1）左手托住加入菌液的平皿移至酒精灯火焰旁，用拇指将平皿盖一边打开一条缝 2）右手将无菌涂布棒伸入平皿内，顺时针方向轻轻将菌液涂布在培养基表面，将平皿旋转 90° 后继续涂布菌液，重复以上操作两次 3）在室温下静置 5 ~ 10 min	①平皿盖开口不宜过大 ②涂布棒可用火焰灼烧灭菌，灼烧后将涂布棒顶端接触平皿盖，待冷却后方可进行涂布 ③菌悬液用量一般以 0.1 mL 为宜。菌液过多不易涂开，涂完后仍有菌液流动，不易形成单菌落 ④涂布动作要轻，防止刮破培养基
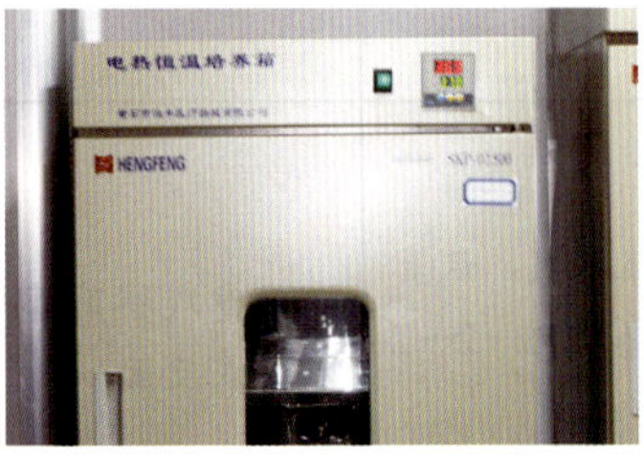	（3）菌体培养。将平板倒置于 28℃的温室中培养两天	倒置培养的目的是避免平皿盖聚集的冷凝水沉落而冲散菌落，影响观察结果

续表

配图	操作方法	操作说明
	（4）挑选菌落 1）将培养后长出的菌落，分别挑取单菌落接种到酵母菌培养基上，置于28℃的恒温培养箱中培养两天 2）检查菌苔是否单纯，若有其他微生物混杂，则需要再一次分离纯化，直到获得纯培养 3）观察所获得的菌落，并记录于表3—2—3中	

3. 平板划线分离法

配图	操作方法	操作说明
	（1）分段划线法 1）在火焰旁打开10^{-1}土壤悬液试管塞，用接种环以无菌操作方式挑取土壤悬液一环后，盖好试管塞放回原处 2）左手持平板于火焰旁，将平皿打开一条缝，迅速将接种环伸入培养皿 3）先在平板培养基的一边做第一次平行划线3～4条，再转动培养皿约120°，并将接种环上的剩余菌体烧掉，待冷却后挑取菌悬液通过第一次平行划线做第二次平行划线，重复以上操作两次，共划线三次	①接种环灭菌方法参照酵母菌接种 ②接种环在平板上迅速移动 ③平行线之间的距离小，使划线次数增加 ④及时灼烧接种环上的剩余菌体
	（2）连续划线法。用接种环以无菌操作方式挑取土壤悬液一环，涂布于培养基一角，然后在原处开始向左右两侧连续划线	①接种环灭菌方法参照酵母菌接种 ②接种环在平板上迅速移动 ③平行线之间的距离小，使划线次数增加 ④及时灼烧接种环上的剩余菌体
	（3）菌体培养、挑选菌落同平板涂布法	

三、实验记录

1. 将菌落观察结果记录于表 3—2—2 中。

表 3—2—2　　菌落形态观察记录表

<table>
<tr><th rowspan="3">大类</th><th rowspan="3">菌种</th><th colspan="4">辨别要点</th><th colspan="7">菌落描述</th></tr>
<tr><th colspan="2">湿</th><th colspan="2">干</th><th rowspan="2">表面</th><th rowspan="2">边缘</th><th rowspan="2">隆起</th><th rowspan="2">透明度</th><th colspan="3">颜色</th></tr>
<tr><th>厚薄</th><th>大小</th><th>疏密</th><th>大小</th><th>正面</th><th>反面</th><th>水溶性色素</th></tr>
<tr><td>细菌</td><td>大肠杆菌</td><td></td><td></td><td></td><td></td><td></td><td></td><td></td><td></td><td></td><td></td><td></td></tr>
<tr><td>酵母菌</td><td>啤酒酵母</td><td></td><td></td><td></td><td></td><td></td><td></td><td></td><td></td><td></td><td></td><td></td></tr>
<tr><td>霉菌</td><td>点青霉菌</td><td></td><td></td><td></td><td></td><td></td><td></td><td></td><td></td><td></td><td></td><td></td></tr>
</table>

2. 将平板涂布结果记录于表 3—2—3 中。

表 3—2—3　　未知菌落的观察记录表

<table>
<tr><th rowspan="2">菌落编号</th><th colspan="2">湿</th><th colspan="2">干</th><th rowspan="2">表面</th><th rowspan="2">边缘</th><th rowspan="2">隆起</th><th rowspan="2">透明度</th><th colspan="3">颜色</th><th rowspan="2">初步判定结果</th></tr>
<tr><th>厚薄</th><th>大小</th><th>疏密</th><th>大小</th><th>正面</th><th>反面</th><th>水溶性色素</th></tr>
<tr><td>1</td><td></td><td></td><td></td><td></td><td></td><td></td><td></td><td></td><td></td><td></td><td></td><td></td></tr>
<tr><td>2</td><td></td><td></td><td></td><td></td><td></td><td></td><td></td><td></td><td></td><td></td><td></td><td></td></tr>
<tr><td>3</td><td></td><td></td><td></td><td></td><td></td><td></td><td></td><td></td><td></td><td></td><td></td><td></td></tr>
</table>

【考核评价】

<table>
<tr><th>考核点</th><th>考核标准</th><th>配分</th><th>得分</th></tr>
<tr><td rowspan="3">实验准备</td><td>仪器准备齐全，并摆放整齐</td><td rowspan="3">10</td><td rowspan="3"></td></tr>
<tr><td>平板菌种准备齐全、生长良好</td></tr>
<tr><td>土壤稀释液制备正确</td></tr>
<tr><td rowspan="6">平板涂布法</td><td>菌液吸取准确</td><td rowspan="6">30</td><td rowspan="6"></td></tr>
<tr><td>消毒彻底，无菌操作</td></tr>
<tr><td>平板制备厚薄适度，无隆起及破损</td></tr>
<tr><td>平板握姿正确、自然</td></tr>
<tr><td>平板旋转角度合适，涂布均匀</td></tr>
<tr><td>获得单菌落</td></tr>
</table>

续表

考核点	考核标准	配分	得分
平板划线分离法	分段划线动作正确，培养基无破损	25	
	连续划线动作连贯		
	注意无菌操作，操作工具灭菌彻底		
	获得单菌落		
实验记录	菌落观察仔细、认真	20	
	能用准确的语言描述菌落特征		
	平板涂布获得单菌落		
报告	真实反映实验操作过程	15	
	报告结果正确，用语准确恰当		
合计		100	

【思考与练习】

1. 常用的分离纯化方法有哪些?
2. 简述微生物分离纯化的过程。
3. 对比细菌与酵母菌的菌落特征，说出它们的异同点。

任务3 微生物菌种保藏

【学习目标】

1. 了解菌种退化的现象与原因。
2. 了解菌种保藏的基本原理及各种保藏方法的特点。
3. 掌握实验室保藏菌种的基本操作，能选用合适的方法保藏不同菌种。
4. 能以小组协作方式完成菌种的斜面低温保藏、半固体穿刺保藏、液体石蜡保藏和甘油管保藏。

【任务引入】

优良菌种随着保藏时间的延长或菌种的多次转接传代，使菌种本身所具有的优良遗传性状得以延续，但同时也可能发生变异。优良的菌种被分离选育出来后，必须尽可能保证原来的性状和活力不变异、不死亡、不被污染。而在现实中，菌种的污染、死亡和生产性能的逐渐下降又是不可避免的。为了解决这一矛盾，就必须采取妥善的保藏和复壮方法，以便随时供应优良菌种为生产和科研所用。本任务将完成选定大肠杆菌、枯草芽孢杆菌、啤酒酵母和黑曲霉菌种的保藏。

【任务分析】

要完成选定菌种的保藏，就必须了解微生物菌种选育的要求，掌握菌种保藏的原理和方法，通过正确操作实现目的菌种的保藏。

【相关知识】

一、微生物的菌种选育

生产上使用的微生物菌种，最初都是从自然界中筛选出来的。我国各地气候条件、土质条件、植被条件差异很大，这为自然界中各种微生物的存在提供了良好的生存环境。自然界中微生物种类繁多，不少于几十万种，但目前已为人类研究和应用的不过千余种。由于微生物到处都有，无孔不入，所以它们在自然界中大多以混杂的形式群居在一起。而现代发酵工业是以纯种培养为基础，故要采取不同的筛选手段，挑选出性能良好、符合生产要求的纯种是工业育种的关键一步。自然界工业菌种分离筛选的主要步骤包括：采样、增殖培养、纯种分离、纯种培养和生产性能测定。如果产物与食品制造有关，还需对菌种进行毒性鉴定。

1. 采样

以采集土壤为主。一般在有机质较多的肥沃土壤中，微生物数量最多；中性偏碱性的土壤以细菌和放线菌为主；酸性红土壤及森林土壤中霉菌较多；果园、菜园和野果生长区等富含碳水化合物的土壤和沼泽地中，酵母和霉菌较多。采样对象也可以是植物，如腐败物品、某些水域等。采样方式是在选好适当地点后，用无菌刮铲、土样采集器等采集有代表性的样品，一般离表层 5 ~ 15 cm 处的土壤微生物数量最多。

具体采集土样时，一般是在不损坏土层结构的情况下插入圆筒。将采集到的土样盛入清洁的聚乙烯袋、牛皮袋或玻璃瓶中。采好的样品必须完整地标注样本的种类、采集日期、地点及采集地点的地理、生态参数等。采好的样品应及时处理，暂不能处理的也应储存于 4℃的温度下，但储存时间不宜过长。

2. 增殖培养

一般情况下，采集的样品可以直接进行分离。但是，如果样品中所需的菌类含量并不是很多，而另一些微生物却大量存在，为了易于分离得到所需菌种，让不需要的微生物数量不要增加，应设法增加所需菌种的数量，以增加分离的概率。可以通过选择性地配制培养基（如营养成分、添加抑制剂等），选择一定的培养条件（如培养温度、培养基酸碱度等）来控制。具体方法是根据微生物利用碳源的特点，可选定糖、淀粉、纤维素或者石油等，以其中一种为唯一碳源，那么只有利用这一碳源的微生物才能大量正常生长，而其他微生物就可能死亡或淘汰。

3. 纯种分离

通过增殖培养，样品中的微生物还是处于混杂生长状态，因此必须分离纯化。进行这一步时，增殖培养的选择性控制条件还应进一步应用，而且要控制得细一些。常用的分离方法有稀释分离法、划线分离法和组织分离法。稀释分离法是对样品进行适当稀释，然后将稀释液涂布于培养基平板上进行培养，待长出独立的单个菌落后进行挑选分离。划线分离法是首先将培养基倒于平板上,然后用接种针（接种环）挑取样品，在平板上划线。划线方法无论采用分步划线法还是一次划线法，其基本原则是确保培养出单个菌落。组织分离法主要用于食用菌菌种或某些植物病原菌的分离。

4. 纯种培养

经过分离培养，在平板上出现很多单个菌落，通过观察菌落形态，选出所需菌落，然后取菌落的一半进行菌种鉴定。对于符合目的菌特性的菌落，可将之转移到试管斜面进行纯培养。

5. 生产性能测定

从自然界中分离得到的纯种称为野生型菌株，它只是筛选的第一步，所得菌种是否具有生产上的实用价值，能否作为生产菌株，还必须采用与生产相近的培养基和培养条件，通过三角瓶的容量进行小型发酵试验，以求得适合工业生产所用菌种。如果此野生型菌株产量偏低，达不到工业生产的要求，可以留作菌种选育的出发菌株。

二、菌种的退化与复壮

1. 菌种的退化及其原因

（1）菌种的退化。菌种经过人工长期培养或保藏，在其自发突变的影响下，引起某些优良性状变弱或消失的现象称为菌种退化。常见的菌种退化现象中，最易觉察到的是菌落形态、细胞形态和生理等多方面的改变，如菌落颜色的改变、畸形细胞的出现等；菌株生长变得缓慢，产孢子越来越少，直至能力丧失，如放线菌、霉菌在斜面上多次传代后产生“光秃”现象等，从而造成生产用孢子接种的困难。此外，还有菌种的代谢活动，代谢产物的生产能力或其对寄主的寄生能力明显下降，如黑曲霉糖化能力的下降、抗菌素发酵单位的减少、枯草杆菌产淀粉酶能力的衰退等。所有这些都对发酵生产不利。因此，为了使菌种的优良性状延续下去，必须做好菌种的复壮工作。即在各菌种的优良性状没有退化之前，定期进行纯种分离和生产性能测定。

（2）菌种退化的原因。菌种退化的主要原因是有关基因的负突变。一般而言，菌种的退化是一个从量变到质变的逐步演变过程。开始时，在群体中只有个别细胞发生负突变，这时如未及时发现并采取有效措施，就会造成群体中负突变个体的比例逐渐加大，从而使整个群体表现出严重的退化现象。细胞的代谢水平与基因突变关系密切，应设法控制细胞保藏的环境，使细胞处于休眠状态，从而减少菌种的退化。

2. 退化菌种的复壮

狭义的复壮是指从退化菌种的群体中找出少数尚未退化的个体，以达到恢复菌种的原有典型性状的目的。广义的复壮是指在菌种的生产性能尚未退化之前就经常有意识地进行纯种分离和生产性能测定，以达到防止菌种退化或优化菌种生产性能的目的。

三、菌种的保藏

菌种是一个国家所拥有的重要生物资源，菌种保藏是一项极其重要的微生物学基础工作。为此，许多国家都建立了专门的菌种保藏机构，如美国标准菌种收藏所（ATCC）、英国国力标准菌种收藏所（NCTC）、日本大阪发酵研究所（LFO），还有全球性的世界微生物保存联盟（WFCC），这些机构都出售和交换菌种并出版菌种目录。全世界的菌种保藏机构在300个以上。我国于1979年成立了中国微生物菌种保藏委员会（CCCCM），制定了组织和管理条件，并在全国设立6个保藏中心。

1. 菌种保藏的基本原理

菌种保藏主要是根据菌种的生理、生化特性，人工创造条件使孢子或菌体的生长和代谢活动频率尽量降低，以减少其变异。保藏时，一般利用菌种的休眠体（孢子、芽孢等）创造最有利于休眠状态的环境条件，如低温、干燥、隔绝空气或氧气、缺乏营养物质等，以降低菌种的代谢活动频率，减少菌种变异，使菌种处于“休眠”状态，抑制其繁殖能力，从而达到长期保存的目的。

2. 常见菌种的保藏方法

一个好的菌种保藏方法，不仅能保持原菌种的优良特性和较高的存活率，同时也应考虑到方法本身的经济性及简便程度。一般情况下，斜面低温保藏法、半固体穿刺保藏法、液体石蜡保藏法和甘油管保藏法较常用，也比较容易操作。

（1）斜面低温保藏法。也称传代培养保藏法，包括斜面培养、穿刺培养、液体培养等，是指将菌种接种于适宜的培养基中，在最适宜的条件下培养，待生长充分后，于4～6℃进行保存并间隔一定时间进行移植培养的菌种保藏方法。其中，又以斜面保藏最为常见。

斜面保藏法是将所需保藏的菌种接种到斜面培养基上，所用的培养基，针对霉菌和酵母用米曲汁琼脂或麦芽汁琼脂，针对细菌则常用肉汤琼脂。待菌种生长好后，直接放入冰箱内，在温度为4～6℃下保存。此法是一种短期、过渡的保藏方法，一般不适用于工业生产菌种的长期保藏，保藏时间通常为3～6个月。如在4～6℃下保存，放线菌需每3个月移接一次，酵母菌需每4～6个月移接一次，霉菌需每6个月移接一次。

斜面保藏的优点是操作简单、经济实用，不需要任何特殊设备，便于随时接种使用。缺点是保藏时间相对较短，传代次数较多，易引起菌种的变异和退化。

半固体穿刺保藏法是将接种针深插固体培养基中进行接种，以培养微生物的一种方法。多用于厌氧或兼性厌氧细菌的培养，保藏时间为3～6个月。

（2）载体保藏法。此法是将微生物吸附在适当的载体上，如土壤、沙子、硅胶、滤纸，而后进行干燥的保藏法。其中，沙土管保藏法和滤纸保藏法应用相当广泛。

1）沙土管保藏法。沙土管保藏法是用人工方法模拟自然环境，使菌种得以栖息的方法。该法适用于产孢子的放线菌、霉菌以及产芽孢的细菌的保藏。

沙土是沙和土的混合物，沙和土的比例一般为3∶2或1∶1，将黄沙和泥土分别洗净、过筛，一般沙用80目过筛，土用80～100目过筛。按比例混合后装入小试管内，装料高度约为1 cm，在温度为121℃下间歇灭菌2～3次，灭菌后烘干，并做无菌检查后备用。

具体操作是将要保存的菌种斜面孢子刮下，直接与沙土混合；或用无菌水将孢子洗下，制成悬浮液，再与沙土混合。混合后的沙土管放在盛有五氧化二磷或无水氯化钙的干燥器中，用真空泵抽气干燥后，放在干燥低温环境下保存。由于制作简便，不需要复杂设备，移接方便，保藏时间可达数年至数十年，所以被广泛采用。该法不适用于无芽孢细菌和酵母菌的保藏。

2）土壤保藏法。此法与沙土管保藏法相似，但是完全用土壤代替河沙，且不要用盐酸做预处理。

3）滤纸保藏法。将微生物细胞或孢子吸附在滤纸上，干燥后加以保存称为滤纸保藏法。此法对细菌、酵母菌、丝状真菌等都有一定效果。

4）麸皮保藏法。这是根据我国传统制曲原理加以改进的一种方法，适用于产孢子的真菌的保藏。该法以麸皮、大米、小米或麦粒等天然农产品为产孢子培养基，使菌种产生大量的休眠体（孢子）后加以保存。该法的要点是适当控制水分。

（3）液体石蜡保藏法。液体石蜡保藏法是传代培养的变相方法，能够适当延长保藏时间，它是在斜面培养物和穿刺培养物上覆盖灭菌的液体石蜡，一方面可防止因培养基水分蒸发而引起菌种死亡；另一方面可阻止氧气进入，以减弱代谢作用。

液体石蜡保藏的操作要点是首先让待保藏菌种在适宜的培养基上生长，然后注入经高温灭菌的矿物油（液体石蜡可采用蒸汽灭菌，灭菌后的石蜡在40℃的烘箱中烘干备用）。液体石蜡的用量以高出培养物1 cm为宜。此法可用于丝状真菌、酵母、细菌和放线菌的保藏。对难于冷冻干燥的丝状真菌和难以在固体培养基上形成孢子的担子菌的保藏更为有效。霉菌、放线菌、有芽孢的细菌可保藏2年左右，酵母菌可保藏1 ~ 2年，一般无芽孢的细菌也可保藏1年左右。

以液体石蜡作为保藏方法时，应对需保藏的菌株预先做实验。因为某些菌株在液体石蜡下生长十分明显，有些菌株如假丝酵母还会同化液体石蜡，也有的菌株对液体石蜡保藏敏感。所有这些菌株都不能用液体石蜡保藏。

该法的优点是简便、实用且效果好，不需要特殊设备或经常移种，保存时间较长。缺点是保存时必须直立放置，所占位置较大，不便于携带；接种灼烧时，培养物易与液体石蜡一起飞溅，操作时应特别注意。

（4）真空冷冻干燥保藏法。又称低压冻干法或冷冻干燥法，该法是在较低的温度下（-18℃），快速地将细胞冻结，并且可以保持细胞完整，然后在真空中使水分升华。这样，菌种的生长和代谢活动处于极低水平，不易发生变异或死亡，因而能长期保存，一般为5 ~ 10年。该法运用了有利于菌种保藏的一切因素，是迄今为止最有效的菌种保藏方法之一，适用于各种微生物。

具体做法是先将微生物制成悬浮液，与保护剂（一般为蔗糖、脱脂牛奶或血清等）混合，放在安瓿管内，用低温酒精或干冰（-15℃以下）使之速冻，在低温下用真空泵

（见图 3—3—1）抽干，最后将安瓿管真空熔封，低温保存。该法适用范围广、保藏时间长、便于运输，缺点是设备和操作都比较复杂。

（5）液氮超低温保藏法。液氮超低温保藏法是近几年才发展起来的，此法在国外较普遍采用，是适用范围最广的微生物保藏法。尤其是一些不产孢子的菌丝体，若用其他保藏方法不理想，可用液氮保藏法，其保藏期最长。我国目前已有很多单位采用液氮法保存菌种。

图 3—3—1 真空冷冻干燥机

液氮能够长期保存菌种，是因为液氮的温度可达 –196℃，远远低于其新陈代谢作用停止的温度（–130℃），所以此时菌种的代谢活动已基本停止，化学作用也随之消失。一般菌悬液中要加入防冻剂，最常用的是二甲亚砜和甘油，缓慢冷冻效果较好。具体做法是将菌种的悬液密封于安瓿管内，经冻结后，储藏在 –196 ~ –150℃液氮超低温冰箱或液氮筒内。

该法保藏时间一般达 20 年以上。除适用于一般微生物的保藏外，对一些冷冻干燥法难以保存的微生物，如支原体、衣原体、氢细菌，难以形成孢子的霉菌、噬菌体等均可长期保存，对于那些在培养基上只产生菌丝体的真菌，如担子菌的菌株，此法可以获得满意的保藏效果。该法操作技术并不复杂，但需要专门的液氮罐或液氮冰箱，所以耗费较多。

（6）寄主保藏法。用于目前尚不能在人工培养基上生长的微生物，如病毒、立克次氏体、螺旋体等，它们必须生活在动物体内、昆虫体内、鸡胚内并传代，此法相当于一般微生物的传代培养保藏法。

表 3—3—1 对几种常用的菌种保藏方法进行了比较和总结。

表 3—3—1 几种常用菌种保藏方法的比较

方法	原理	适宜菌种	保藏期
斜面低温保藏法	低温	各类微生物	3 ～ 6 个月
半固体穿刺保藏法	低温、避氧	细菌、酵母菌	6 ～ 12 个月
液体石蜡保藏法	低温、避氧	各类微生物	1 ～ 2 年
甘油悬液保藏法	低温、保护剂	细菌、酵母菌	1 ～ 2 年
沙土管保藏法	干燥、无营养	芽孢、孢子	1 ～ 10 年
真空冷冻干燥保藏法	低温、干燥、无氧	各类微生物	5 ～ 15 年
液氮超低温保藏法	低温、保护剂	各类微生物	10 ～ 20 年

【任务实施】

一、实验准备

配图	名称及规格	
	仪器	（1）1 mL 无菌吸管 （2）试管 （3）灭菌锅 （4）干燥箱 （5）冰箱 （6）筛子（60 目、80 目、100 目） （7）标签 （8）接种针 （9）酒精灯
	菌种	（1）大肠杆菌 （2）枯草芽孢杆菌 （3）啤酒酵母 （4）黑曲霉
	试剂	（1）肉汤蛋白胨斜面 （2）半固体及液体培养基 （3）无菌水 （4）无水氯化钙 （5）石蜡油 （6）五氧化二磷

二、操作步骤

1. 斜面低温保藏法

配图	操作方法	操作说明
	（1）贴标签。取无菌肉汤蛋白胨斜面数支，在斜面的正上方距离试管口 2～3 cm 处贴上标签。同时在标签上注明接种的菌种名、接种日期、操作人	标签应清晰、牢固，不影响菌种观察

续表

配图	操作方法	操作说明
	（2）斜面接种。从斜面底部自下而上划密“之”字形线，能充分利用斜面获得大量菌体细胞，适用于细菌和酵母菌等；把菌种点接在斜面中部偏下方处，适用于扩散型生长及绒毛状气生菌丝类霉菌（如毛霉、根霉等）	操作过程注意无菌
	（3）培养。细菌于37℃恒温培养18～24 h，酵母菌于28℃培养36～60 h，放线菌和丝状真菌于28℃培养3～7天	培养皿应倒置。培养的目的是避免平皿盖聚集的水沉落，冲散菌落，影响结果
	（4）保藏。培养好的菌种8支一捆捆好后，直接放入冰箱于4～6℃保存，根据要求每3～6个月移植一次	为防止试管棉塞受潮染菌，管口应用牛皮纸包好

2. 半固体穿刺保藏法

配图	操作方法	操作说明
	（1）贴标签。取无菌牛肉浸膏蛋白胨半固体深层培养基试管数支，在距离试管口2～3 cm处贴上标签。同时在标签上注明接种的菌种名、接种日期、操作人	标签应清晰、牢固，不影响菌种观察
	（2）穿刺接种。用接种针从原菌种斜面上挑取少量菌体，从柱状培养基中心自上而下刺入，直到接近管底（勿穿到管底），然后沿原穿刺途径慢慢抽出接种针	适用于细菌和酵母菌等

续表

配图	操作方法	操作说明
	（3）培养。接种完成后置于37℃恒温培养48 h	
	（4）保藏。培养好的菌种直接放入4℃的冰箱内保存	为防止棉塞受潮，可在灭菌时换为硅胶塞

3. 液体石蜡保藏法

配图	操作方法	操作说明
	（1）液体石蜡灭菌。在250 mL三角瓶中装入100 mL液体石蜡，塞好棉塞，用牛皮纸包好，采用121℃湿热灭菌30 min，置40℃的恒温箱中蒸发水分14天，经无菌检查后备用	
	（2）贴标签。同斜面低温保藏	
	（3）接种。同斜面低温保藏	接种完毕，菌种应培养至典型阶段

续表

配图	操作方法	操作说明
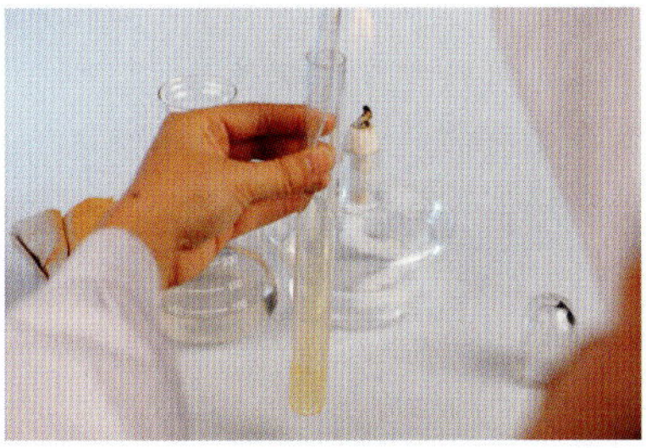	（4）灌注石蜡。用无菌吸管将灭菌的液体石蜡在无菌条件下注入培养好的新鲜斜面培养物上，液面应高出斜面顶部1 cm左右，使菌体与空气隔绝	
	（5）保藏。石蜡油封存好以后，棉塞外包好牛皮纸，将试管直立放置于4℃的冰箱内保存	为节省空间，试管可直立于试管架上，再放入冰箱内
	（6）恢复培养。用接种环从液体石蜡下挑取少量菌种，在试管壁上轻靠几下，尽量使油滴净，再接种于新鲜培养基中培养。由于菌体表面沾有液体石蜡，菌体生长较慢，一般需转接两次以上才能获得良好的菌种	接种环接种完毕，由于环上带有残留石蜡，进行火焰灼烧灭菌时特别容易飞溅，应先在火焰边上烤干再灼烧灭菌

4. 甘油管保藏法

配图	操作方法	操作说明
	（1）甘油灭菌。在250 mL三角瓶中装入100 mL甘油，塞好棉塞，用牛皮纸包好，采用121℃湿热灭菌20 min	甘油可提前分装好再灭菌

续表

配图	操作方法	操作说明
	（2）菌种活化。用接种环挑取待保藏菌种后，在新鲜的斜面培养基上划线，使其在适宜的温度下充分生长	
	（3）加无菌甘油。在培养好的斜面上用无菌移液管加入 2 ~ 3 mL 无菌水，刮下斜面并振荡，使细胞充分分散成均匀的悬浮液。用无菌吸管吸取上述菌悬液 1 mL 于甘油管中，再加入 0.8 mL 无菌甘油并振荡，使培养液与甘油混合充分	注意无菌操作
	（4）保藏。将甘油管置于 -20℃的冰箱内保存	也可保存于超低温冰箱内
	（5）恢复培养。用无菌移液管从甘油管中取 0.1 mL 甘油培养物，接种于新鲜的培养基中培养。由于菌体保藏时间较长，菌体生长较慢，一般需转接两次以上才能获得良好的菌种	

三、实验记录

将实验结果记录于表 3—3—2 中。

表 3—3—2　　微生物菌种保藏记录表

实验内容：　　实验时间：　　实验员：

保藏方式	保藏菌种	保藏数量	有无污染	保藏期
斜面低温保藏法				
半固体穿刺保藏法				

续表

保藏方式	保藏菌种	保藏数量	有无污染	保藏期
液体石蜡保藏法				
甘油管保藏法				

【考核评价】

考核点	考核标准	配分	得分
实验准备	仪器准备齐全，并摆放整齐	10	
	待保藏菌种斜面生长良好、种类齐全		
	肉汤蛋白胨培养基配制正确		
斜面低温保藏法	标签内容准确，位置恰当	15	
	斜面接种点恰当，动作正确，力度适宜		
	菌种培养条件正确，时间合适		
半固体穿刺保藏法	菌种挑取量合适	15	
	穿刺深度合适，不能将培养基刺穿		
	培养条件正确，培养时间合适		
液体石蜡保藏法	液体石蜡灭菌彻底	15	
	灌注石蜡动作准确，灌注量适宜		
	菌种恢复培养良好		
甘油管保藏法	甘油灭菌彻底	20	
	菌悬液制备正确		
	甘油加量准确，混合均匀		
	菌种恢复培养良好，无杂菌污染		
实验记录	记录内容真实、准确	15	
	斜面低温保藏法、半固体穿刺保藏法动作正确		
	各种保藏方法恢复培养良好，无杂菌污染		
报告	真实反映实验操作过程	10	
	报告结果正确，用语准确恰当		
合计		100	

【思考与练习】

1. 菌种退化有哪些现象？菌种退化的原因是什么？
2. 简述菌种保藏的原理。
3. 简述斜面低温保藏的操作流程与操作要点。

项目四

微生物检验样品的采集与处理

任务　样品采集与处理

【学习目标】

1. 了解各种样品采集、处理的原则与方法。
2. 能对不同样品进行正确的保存与送检。
3. 掌握常见样品制备的方法。
4. 以小组协作方式对瓶装酸奶、炼乳、奶酪、袋装奶粉样品进行采集与处理。

【任务引入】

在样品检验过程中，第一步就是对样品进行采集和制备。如果样品采集和制备出现差错，那么再精密的仪器和设备、再正确的操作结果也毫无意义，因此样品采集和制备的重要性不言而喻。某乳制品厂的检验室工作人员，为了保证产品质量，需要对生产的乳制品（见图 4—1—1）进行检验。对乳制品相关产品检验前必须对乳制品进行采样与预处理，以便于后续检验的开展。本任务将完成这些乳制品样品的采集与预处理。

图 4—1—1　待检乳制品

【任务分析】

对于不同状态的样品，有着不同的取样要求，因此要完成本任务，就要了解不同状态样品的取样要求，掌握常见样品预处理的方法。

【相关知识】

从大量分析对象中抽取有一定代表性的样品作为分析材料，这项工作叫作采样。采样是检验工作的第一步，但如果采集的样品不足以代表全部物料的组成成分，就无法获得真实的检测结果，所以采用正确的采样技术采集样品尤为重要。

一、样品采集

1. 样品采集原则

样品可分为大样、中样、小样三种。大样，即一整批；中样是从样品各部分中随机取得的混合样品，一般为 200 g；小样也称检样，是做分析用的，一般为 25 g。样品采集流程如图 4—1—2 所示。

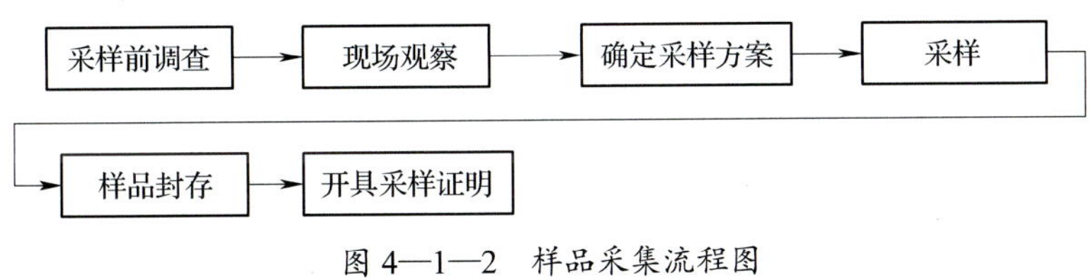

图 4—1—2　样品采集流程图

样品采集原则如下：

（1）严格遵守样品采集操作规程。

（2）采集的样品要均匀、有代表性，能反映全部被检物料的组成成分、质量和卫生状况。

（3）采样操作要防止污染，防止变质、损坏、丢失。

（4）防止带入杂质或污染样品，不得加入防腐剂、固定剂等。

（5）采样方法要尽量简单，处理装置尺寸恰当。

（6）样品采集和现场测定必须有两人以上参加 。

2. 样品采集方法

样品一般分为检样、原始样品和平均样品三种。检样——从整批待测食品的各个部分采集的少量样品。原始样品——把多份检样综合在一起。平均样品——原始样品经过处理后，抽取其中一部分作为检验样品。

最常用的采样方法是随机抽样。随机抽样是指不带有主观因素，在抽样过程中保证整批食品中的每一个单位产品都有被抽取的机会。抽取的样品必须均匀地分布在整批食品的各个部位。不同类型的产品应采用不同的采样方法，能采取完整包装的样品，如袋装、瓶装的就不要拆开取样，必须拆开包装取样的应按无菌操作进行。如果样品过大，还需要用无菌采样器采样。

（1）有完整包装（桶、袋、箱等）的食品应根据下列公式确定取样件数：

$$n=\sqrt{\frac{N}{2}}$$

式中，n 为取样件数，N 为总件数。

从样品堆放的不同部位采取所需的包装样品后，再按下述方法采样。

1）固体食品。如粮食和粉状食品，将双套回转取样管插入包装中，回转 180° 取出样品。每一包装须从上、中、下三层分别取出检样，把这三份检样综合起来作为原始样品，再按四分法缩分至所需数量。

2）稠的半固体样品。如动物油脂、果酱等，打开包装后用采样器从上、中、下三层分别取出检样，混合后再缩分至所需数量。

3）液体样品。 如鲜乳、酒或其他饮料、植物油等，充分混匀后采取一定量的样品。用大容器盛装不便混匀的，可采用虹吸法分层取样，从上、中、下三层分别取 500 mL 左右，装入小口瓶中混匀后，再缩分至所需数量。

（2）散装固体食品。可根据堆放的具体情况，先划分为若干等体积层，然后在每层的四角和中心分别用双套回转取样管采取一定数量的样品，混合后按四分法缩分至所需数量。

（3）肉类、水产、果品、蔬菜等组成不均匀的食品。视检验目的，可将被检物从有代表性的各部位（肌肉、脂肪，或果蔬的根、茎、叶等）分别采样，经捣碎、混匀后，再缩分至所需数量。体积较小的食品，可随机抽取多个样品，切碎混匀后取样。有的项目还可在不同部位分别采样、分别测定。

（4）罐头、瓶装食品或其他小包装食品。根据批号连同包装一起采样。同一批号取样数量根据为：250 g 以上包装不得少于 3 个，250 g 以下包装不得少于 6 个。

（5）冷冻食品的采样。大包装小块冷冻食品按小块个体采样；大块冷冻食品可用无菌刀从不同部位削取或用无菌手锯从冻块上锯取样品，然后放入无菌容器。若是检验食品污染情况，可取表层样品；若为检验食品品质情况，应从深部取样。

（6）车间样品的采集

1）车间用水。如果检验的是自来水样，则从车间各水龙头处采集冷却水；如果检验的是汤料样品，则用 100 mL 无菌注射器分别从车间生产容器的不同部位抽取。

2）车间台面、用具及加工人员手部的检测。用孔径为 5 cm 的无菌采样板及无菌棉棒分别擦拭表面，共取 25 cm^2 面积进行检验。

3）车间空气采样。将 5 个直径为 90 mm 的普通营养琼脂平板分别置于车间的四角和中部，打开平皿盖 5 min 后盖上送检。

3. 样品采集注意事项

（1）采样工具应及时清洁，不应将任何有害物质带入样品。

（2）样品在检测前不得受到污染，以免样品发生变化。

（3）样品抽取后，应迅速送检测室进行分析。

（4）在感官性质上差别很大的食品不允许混在一起，要分开包装，并注明其性质。

（5）盛样容器可根据要求选用硬质玻璃或聚乙烯制品，容器上要贴标签，并做好标记。

二、样品的保存与送检

为确保检验结果的适时性，样品采集后，应由抽样人写出完整的抽样报告，使样品尽可能在保持原有状态下迅速送至实验室，最好不要超过 36 h。当样品需要托运或由非专业人员送检时，必须将样品包装好，要防止破损、防冻结或防腐；包装上应注明“防碎”“冷藏”等字样，同时做好运送记录，写明运送条件、日期和其他需要说明的情况。运送冷冻和易腐食品应在包装容器内加入适量冷却剂或冷冻剂，运送途中如有必要，可以补加。盛放样品的容器应经过消毒处理，但不得使用消毒剂，也不能在样品中加入任何防腐剂。

三、样品预处理

样品的处理也是检验工作中的重要组成部分，如果采样没有代表性或对样品的处理不当，得出的检验结果也将毫无意义，因此样品的代表性及其状态是至关重要的。对不同的样品有不同的处理方法，送检的样品应及时处理，最好不要超过 3 h，以下以液体样品、固体样品和冷冻样品为例。

1. 液体样品

（1）瓶装液体样品的处理。用点燃的乙醇棉球灼烧瓶口灭菌，接着用经石碳酸或来苏尔消毒的纱布将样品盖好，再用灭菌开瓶器将盖启开。含有二氧化碳的样品可倒入 500 mL 磨口瓶内，瓶口切勿盖紧，可覆盖一块灭菌纱布，轻轻振荡磨口瓶，待气体全部逸出后，取样 25 mL 进行检验。

（2）盒装或软塑料包装液体样品的处理。对其开口处用 75% 的乙醇棉球擦拭消毒，用灭菌剪刀剪开包装，在剪开部分覆盖上灭菌纱布或浸有消毒剂的纱布，直接吸取样品 25 mL，或倾入另一灭菌容器中再取样 25 mL 进行检验。

2. 固体样品

（1）捣碎均质法。将中样（≥ 100 g）剪碎或搅拌混匀，从中取 25 g 检样放入 225 mL 稀释液的无菌均质杯中，以 8 000 ～ 10 000 r/min 的速度均质 1 ～ 2 min 即可。

（2）剪碎振摇法。将中样（≥ 100 g）剪碎或搅拌混匀，从中取 25 g 检样进一步剪碎，放入 225 mL 稀释液和直径为 5 mm 左右玻璃珠的稀释瓶中，盖紧瓶盖，用力快速振摇 50 次，振幅要大于 40 cm。

（3）研磨法。将中样（≥ 100 g）剪碎或搅拌混匀，从中取 25 g 检样放入无菌乳钵中充分研磨后，再放入 225 mL 稀释液的稀释瓶中，盖紧盖后充分摇匀。

（4）整粒振摇法。直接称取 25 g 整粒样品置于 225 mL 稀释液和直径为 5 mm 左右玻璃珠的稀释瓶中，盖紧瓶盖，用力快速振摇 50 次，振幅要大于 40 cm。

（5）棉拭采样法。可将板孔面积为 5 cm^2 的金属制规板压在受检物上，把灭菌棉拭稍蘸湿，在板孔范围内擦抹多次，然后移压另一点，再换新灭菌棉擦抹，如此擦抹 10 次，总面积为 50 cm^2，共用 10 支棉拭。每支棉拭擦抹完毕应立即剪断，然后投入盛有 50 mL 灭菌水的三角瓶中，并立即送检。该法常用于检验肉禽及其制品受污染的程度。检验致病菌时，则不必用金属制规板，在可疑部位用棉拭擦抹即可。

3. 冷冻样品

冷冻样品，应先将中样在 0 ～ 4℃下解冻，时间不能超过 18 h，或在 45℃下解冻，时间不能超过 15 min，再取检样 25 g 做稀释处理。

四、常见样品制备

1. 肉与肉制品

（1）生肉及脏器检样。屠宰场的畜禽肉，用无菌刀取开腔后背部及两腿内侧肌肉共 100 g；冷藏销售的生肉，用无菌刀取腿部或其他部位肌肉 100 g。检样采集后放入无菌容器内，立即送检。检样处理时，应先对其表面进行消毒，再用无菌刀剪取检样深层肌肉 25 g，放入无菌乳钵内剪碎后，加灭菌海砂或玻璃砂研磨，磨碎后加入灭菌水 225 mL，混匀或用均质器以 8 000 ~ 10 000 r/min 的速度均质 1 min，即得 1∶10 的稀释液。

（2）各类熟肉制品。包括酱卤肉、火腿、肉松、灌肠等，一般采取 200 g，熟禽采取整只，均放于无菌容器内，立即送检。检验时直接切取 25 g，按照生肉样品处理。

2. 蛋与蛋制品

（1）鲜蛋。用流动水冲洗蛋外壳，再用 75% 的乙醇棉球擦拭消毒后放入灭菌袋内，加封并做好标记后送检。

（2）全蛋粉、蛋黄粉、蛋白片。用 75% 的乙醇棉球消毒包装开口处，将灭菌的金属制双套回转取样管斜角插入瓶底，旋转套管收取样品，再将采样器提出，用灭菌小匙从上、中、下三层分别收取检样，装入灭菌广口瓶中，每份检样不少于 100 g，标注后送检。

（3）冰全蛋、冰蛋黄、冰蛋白。先用 75% 的乙醇棉球消毒听装开口处，然后将盖开启，用灭菌电钻由顶到底斜角钻入，徐徐钻取检样，从中选取 200 g 检样装入灭菌广口瓶中，标注后送检。

3. 乳与乳制品

（1）鲜奶、酸奶。以无菌操作去掉瓶口的纸罩、纸盖，瓶口经火焰灼烧后以无菌操作吸取 25 mL 检样，放入装有 225 mL 灭菌生理盐水的三角瓶内，振摇均匀。

（2）炼乳。先用温水洗净瓶或罐表面，再用 75% 的乙醇棉球消毒瓶口或罐口，然后进行无菌操作。称取 25 g（mL）检样，放入装有 225 mL 灭菌生理盐水的三角瓶内，振摇均匀。

（3）奶油。以无菌操作打开包装，取适量检样置于灭菌三角瓶中，先在 45℃的水浴箱内加热，待奶油溶解后立即将烧瓶取出，用无菌吸管吸取 25 mL 奶油放入另一 225 mL 灭菌生理盐水的三角瓶内，振摇均匀。注意检样溶化到处理完毕，整个操作过程的时间不要超过 30 min。

（4）奶粉。罐装奶粉样品制备同炼乳。袋装奶粉先以 75% 的乙醇棉球消毒袋口，然后无菌开封取样 25 g，放入装有适量玻璃珠的灭菌三角烧瓶内，将 225 mL 温热的灭菌生理盐水徐徐加入灭菌三角烧瓶中以免奶粉结块，振摇均匀以使溶解充分。

（5）奶酪。先用灭菌刀削去部分表面蜡层，用 75% 的乙醇棉球消毒表面，然后用灭菌刀切开奶酪，以无菌操作从奶酪的表层和深层共切取 25 g，置于无菌乳钵内切碎，将 225 mL 灭菌生理盐水少许倒入乳钵内并研成糊状，最后倒回灭菌三角烧瓶中混匀备用。

4. 水产品

（1）鱼类。采取检样的部位为背肌，先用流动水将鱼体体表冲净、去鳞，再用 75% 的乙醇棉球擦净鱼背，待干后用灭菌刀在鱼的背部沿脊椎切开（长度为 5 cm），再沿垂直于脊椎的方向切开两端，使两块背肌向两侧翻开，然后用灭菌剪刀剪取 25 g 鱼肉，放入无菌乳钵内，用灭菌剪刀剪碎，加灭菌海砂或玻璃砂研磨，也可用均质机，检样磨碎后加入 225 mL 灭菌生理盐水，混匀成稀释液。

（2）虾类。采取检样的部位为腔节内的肌肉。将虾用流动水冲净，摘去头、胸节，用灭菌剪刀剪去腹节与头胸节连接处的肌肉，然后取出腔节内的肌肉，称取 25 g 置于灭菌乳钵内。后续处理操作同鱼类。

（3）蟹类。采取检样的部位为胸部肌肉。将蟹体用流动水冲净，剥去壳盖和腔脐，取出鳃条，再用流动水冲净。用 75% 的乙醇棉球擦拭其前后外壁，置于灭菌搪瓷盘上。待干后用灭菌剪刀剪成左右两片，用双手将一片蟹体的胸部肌肉挤出，称取 25 g 置于灭菌乳钵内。后续处理操作同鱼类。

（4）贝壳类。采取检样的部位为贝壳内容物。用流动水洗刷贝壳，刷净后放在铺有灭菌毛巾的洁净搪瓷盘或工作台上。在无菌条件下用灭菌小钝刀从贝壳的张口处徐徐切入，撬开壳盖，再用灭菌镊子取出整个内容物，称取 25 g 置于灭菌乳钵内。后续处理操作同鱼类。

5. 调味品

（1）酱油和食醋。瓶装样品采取原包装 1 瓶，用 75% 的乙醇棉球灭菌瓶口，然后用石碳酸纱布将瓶口盖好，再用灭菌开瓶器开启后进行检验。散装样品可用灭菌吸管吸取 5 000 mL 样液，放入灭菌容器内进行检验。食醋检验前需用 20% ~ 30% 的灭菌石碳酸钠溶液调整 pH 值至中性。

（2）酱类。以无菌操作称取样品 25 g，放入灭菌容器内，加入灭菌蒸馏水 225 mL 制成混悬液后进行检验。

6. 酒类

（1）瓶装酒类。将 75% 的乙醇棉球点燃后灼烧瓶口灭菌，用石碳酸纱布盖好，再用灭菌开瓶器将瓶盖开启，有二氧化碳的酒类可倒入另一灭菌容器内，瓶口勿盖紧，覆盖灭菌纱布轻轻摇晃，待气体全部逸出后进行检验。

（2）散装酒类。可直接吸取进行检验。

7. 糖果类

（1）糖果。用灭菌镊子夹取包装纸，称取 25 g，加入预热至 45℃的灭菌生理盐水 225 mL，待溶化后进行检验。

（2）果脯。取不同部位 25 g 检样，加入 225 mL 灭菌蒸馏水制成混悬液，待溶化后进行检验。

【任务实施】

一、实验准备

配图	名称及规格	
采样箱 拍打器	工具	（1）采样箱 （2）拍打器 （3）无菌具塞广口瓶 （4）搅拌棒 （5）勺子 （6）无菌塑料袋 （7）温度计 （8）75% 的乙醇棉球 （9）酒精灯
	样品	（1）瓶装酸奶 （2）炼乳 （3）奶酪 （4）袋装奶粉

二、操作步骤

1. 瓶装酸奶样品采集

配图	操作方法	操作说明
	用 75% 的乙醇棉球消毒瓶盖，瓶口用火焰消毒	
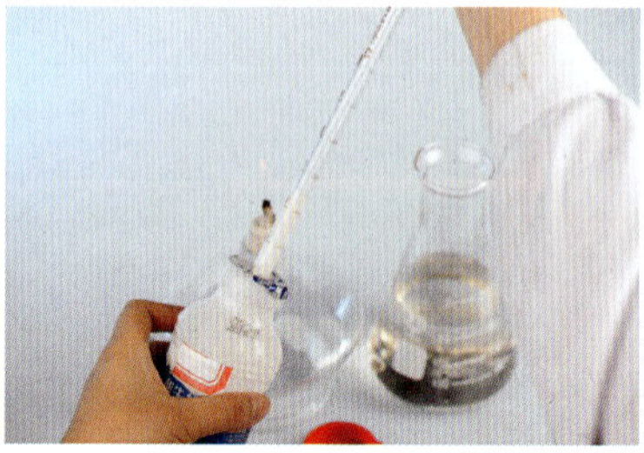	用灭菌吸管吸取 25 mL 酸奶样品	取样前应摇匀
	放入盛有 225 mL 灭菌生理盐水的三角瓶中	吸管口不要触碰三角瓶壁
	摇匀后进行微生物检验	

2. 炼乳样品采集

配图	操作方法	操作说明
	用点燃的75%的乙醇棉球消毒管的上表面，之后在无菌条件下打开	
	无菌操作吸取25 mL检样，放入盛有225 mL灭菌生理盐水的三角瓶中	样品如果太黏稠，可用灭菌烧杯进行称量
	摇匀后进行微生物检验	

3. 奶酪样品采集

配图	操作方法	操作说明
	用75%的乙醇棉球消毒样品表面，用灭菌刀削去部分表面蜡层	

续表

配图	操作方法	操作说明
	用灭菌刀切开奶酪，无菌操作切取表层和深层共 25 g	
	将称量好的样品装入无菌袋内	注意无菌操作
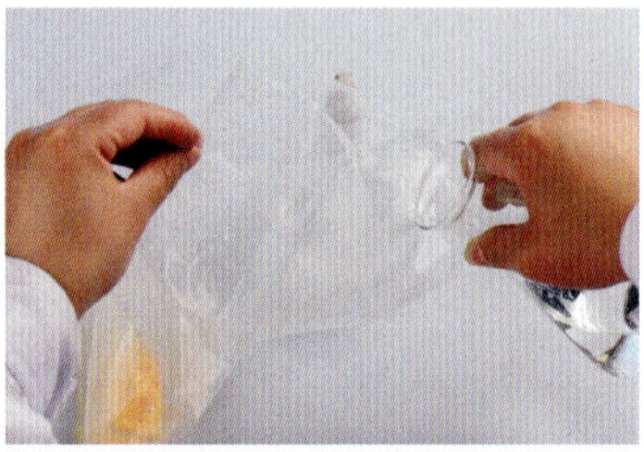	给无菌袋内加入 225 mL 灭菌生理盐水	
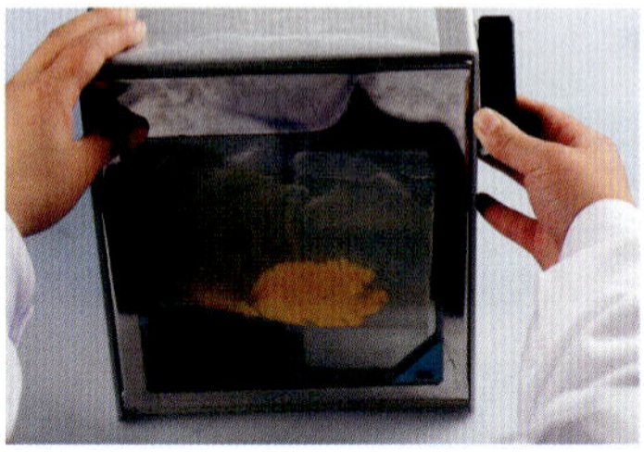	将样品放入拍打器内，旋紧右侧手柄	注意应使无菌袋内无气泡，防止拍打时产生气爆现象
	在仪器后面设定拍打时间为 60 s，并打开开关	

续表

配图	操作方法	操作说明
	可多次设定时间，直到样品拍打均匀	
	将拍打均匀的样品取出，进行后续操作	

4. 袋装奶粉样品采集

配图	操作方法	操作说明
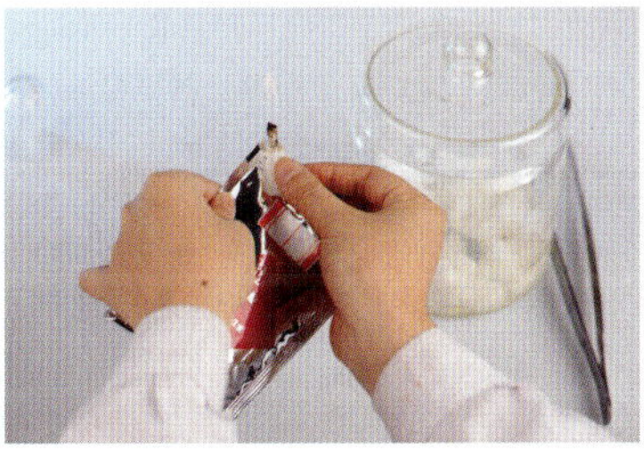	先用 75% 的乙醇棉球对奶粉袋口表面进行消毒	先用 75% 的乙醇棉球擦拭剪刀刀口，再用火焰灼烧灭菌
	以无菌操作开封，称取检样 25 g，放入装有 225 mL 灭菌生理盐水与玻璃珠的无菌三角瓶中	若奶粉是独立包装，可取一小袋作为检样，注意无菌操作

续表

配图	操作方法	操作说明
	振摇，使样品充分溶解、混匀，进行后续操作	

三、实验记录

将实验结果记录于表 4—1—1 中。

表 4—1—1　　样品采集记录表

采集样品	样品详情	样品状态	采集数量	采集时间
瓶装酸奶				
炼乳				
奶酪				
袋装奶粉				

【考核评价】

考核点	考核标准	配分	得分
实验准备	仪器准备齐全，并摆放整齐	10	
	样品包装良好、种类齐全		
瓶装酸奶样品	样品消毒彻底，无菌操作	15	
	样品吸取准确		
	样品混合均匀		
炼乳样品	样品消毒彻底，无菌操作	15	
	样品称取准确		
	样品混合均匀		
奶酪样品	样品消毒彻底，无菌操作	15	
	样品称取准确		
	样品混合均匀		

续表

考核点	考核标准	配分	得分
袋装奶粉样品	样品消毒彻底，无菌操作	20	
	样品称取准确		
	奶粉无撒落及结块现象		
	样品混合均匀		
实验记录	记录内容真实、准确	15	
	样品采集动作准确、熟练		
	样品采集无外源污染		
报告	真实反映实验操作过程	10	
	报告结果正确，用语准确恰当		
合计		100	

【思考与练习】

1. 样品处理的原则是什么？
2. 对固体、液体样品处理分别采用何种方法更合适？
3. 实验前的准备工作对样品处理及后续工作的影响是什么？
4. 学生分组练习对瓶装酸奶、炼乳、奶酪、袋装奶粉样品的处理。

项目五

食品中微生物的检验

任务 1　食品中菌落总数的检验

【学习目标】

1. 掌握菌落总数的概念及表示方法。
2. 掌握菌落总数检验的卫生学意义。
3. 掌握菌落总数检验的方法和原理。
4. 能以小组合作方式完成食品中菌落总数的检验。
5. 能正确进行平板菌落计数并报告。

【任务引入】

2011 年年底，广东省深圳市市场监督管理局在官方网站上公布了熟制鸭脖等食品的抽样检验结果。结果显示，熟制鸭脖质量堪忧，合格率仅为 57.8%，不合格产品多为菌落总数超标，一些知名品牌也榜上有名，由此可见菌落总数的检测在日常食品抽检中的重要性。菌落总数的测定可以及时判定食品在加工过程中是否符合卫生要求，为被检食品卫生学评价提供可靠的依据。本任务以蛋糕为例，完成样品菌落总数的测定。

【任务分析】

食品中菌落总数测定的目的在于了解食品生产从原料加工到成品包装这一过程中受外界污染的情况，菌落总数的多少标志着食品卫生质量的优劣。人们如果进食菌落总数超标的食品，容易引起肠胃不适、腹泻等症状。菌落总数还可用来预测食品可存放的期限。我国现行的菌落总数测定方法均执行《食品安全国家标准　食品微生物学检验　菌落总数测定》（GB 4789.2—2010）的规定。

【相关知识】

一、菌落总数

1. 菌落总数的概念

菌落总数是指食品检样经过处理，在一定条件下培养（如培养基成分、培养温度和时间、pH 值、需氧性质等）后，所得 1 mL（或 1 g）被检样品中所含细菌菌落的总数。其结果包括一群在规定条件下生长的嗜中温的需氧菌和兼性厌氧菌。

每种细菌都有其一定的生理特性，培养时只有满足其所需的培养条件才能将各种细菌培养出来。但在实际工作中，细菌菌落总数一般都是利用平板活菌计数法（见图 5—1—1）来测定的，此法并不能测出实际总活菌数，如厌氧菌和嗜冷菌等在此条件下就不能生长。因此，菌落总数测定的结果只能反映普通营养琼脂中发育的、嗜温的、需氧的细菌菌落总数。此外，细菌菌落总数也不能对细菌的种类进行区分，所以有时也被称为杂菌菌落总数。

2. 菌落单位（CFU）

食品菌落总数检测过程中的细菌细胞是以单个、链状或成堆形式存在于食物及平板琼脂中的，因而所形成的菌落既可以来源于单个细菌细胞，也可以来源于链状或成堆形式存在的细菌细胞，因此平板上所得到的细菌菌落总数不应报告为活菌个数，而应以单位质量、单位容积或表面积内的菌落形成单位数（Colony–Forming Units，CFU）来计数（见图 5—1—2）并报告。

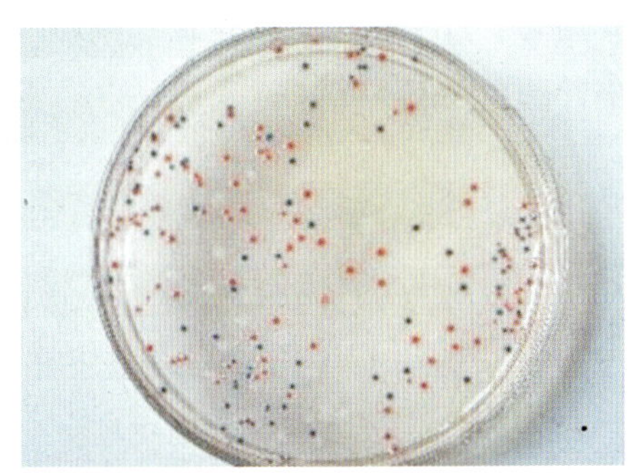

图 5—1—1　平板活菌计数法测定细菌菌落总数

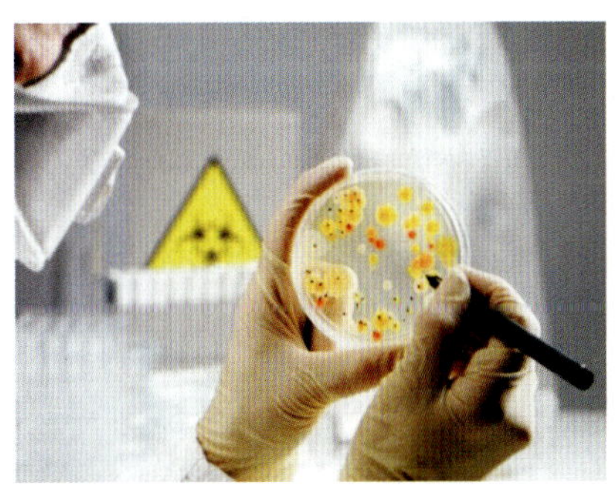

图 5—1—2　以 CFU 为单位进行细菌菌落总数的计数

二、菌落总数的卫生学意义

通过菌落总数的测定可以判定食品被细菌污染的程度及食品卫生质量情况，它反映食品在生产过程中是否符合卫生要求，以便对被检样品做出适当的卫生学评价。菌落总数的多少在一定程度上标志着食品卫生质量的优劣。

1. 食品被污染程度的判定指标

食品中菌落总数越多，食品质量越差，病原菌被污染的可能性越大。若食品中菌落总数超过10万个，就足以引起细菌性食物中毒。消费者食用菌落总数严重超标的食品，很容易患痢疾等肠道疾病，可能引起呕吐、腹泻等症状，从而危害人体健康。

2. 判定细菌在食品中繁殖的动态

依据菌落总数的动态变化，可以对被检样品进行食品保质期的预测。例如，细菌不易生长繁殖的冷冻食品和干制食品，它们所含细菌的多少就可以表明其在生产、运输、储存、销售等各个环节中卫生管理的基本状况是否符合要求。

三、菌落总数测定的原理及流程

1. 菌落总数测定的原理

菌落总数是根据微生物在固体培养基上所呈现的菌落生理及培养特征进行测定的。测定时，首先将待测样品制成均匀的、一系列不同稀释度的稀释液，并尽量使样品中的微生物细胞分散，是指以单个细胞状态存在，再取一定稀释倍数的稀释液接种到培养基上，使其均匀分布。菌落由单个细胞生长繁殖而成，因此通过统计菌落数目，可计算出被检样品中的含菌数。

2. 菌落总数测定的流程

根据菌落总数测定的原理，国家标准推荐采用平板计数法来检测，其流程如图 5—1—3 所示。

图 5—1—3　菌落总数检测流程示意图

四、菌落总数的快速检验方法

平板计数法的检验结果准确、可靠，但操作烦琐，工作量较大，耗时较长。随着近几年科学技术的进步，菌落总数快速检测技术也发展起来了。

1. 纸片快速检测法

纸片快速检测法是指以纸片、纸膜、胶片等（见图5—1—4）作为培养基载体，将特定培养基和显色物质附着在上面，通过微生物的生长、显色来测定食品中微生物的方法。使用时把1 mL待测液加于纸片上，压平后置于37℃的培养箱中培养16 ~ 18 h，即可计数。

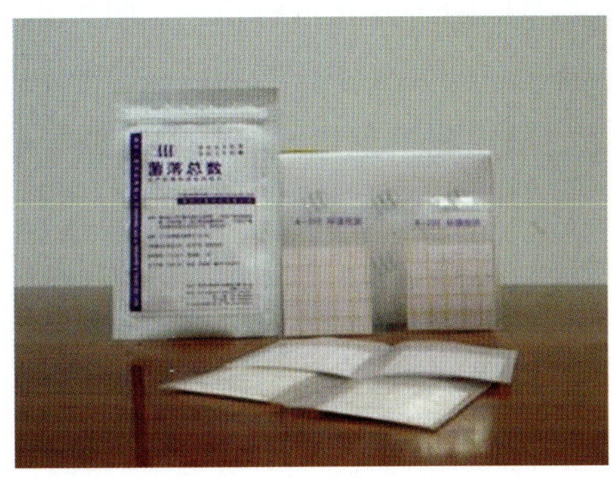

图5—1—4 菌落总数快速检测纸片

2. ATP生物发光法

ATP即三磷酸腺苷的缩写，是广泛存在于生物体内的一种能量物质。检测ATP含量的方法是荧光光度计法。生物发光是活细胞在荧光素酶催化下发出的荧光，目前使用的荧光素酶来源于北美的萤火虫，其相对分子质量为62 000的蛋白质。

荧光素酶又称虫光素酶，是一种能将化学能转变为光能的活性蛋白质，即生物催化剂。ATP在荧光素酶的催化作用下，与荧光素在有氧环境及二价镁离子作用下反应，释放出荧光。当荧光素酶过量时，释放的荧光与ATP在一定范围内呈线性关系，因此，可以通过测量荧光光强来检测样品中的ATP，进而检测其中的细菌菌落总数，检测仪器如图5—1—5所示。

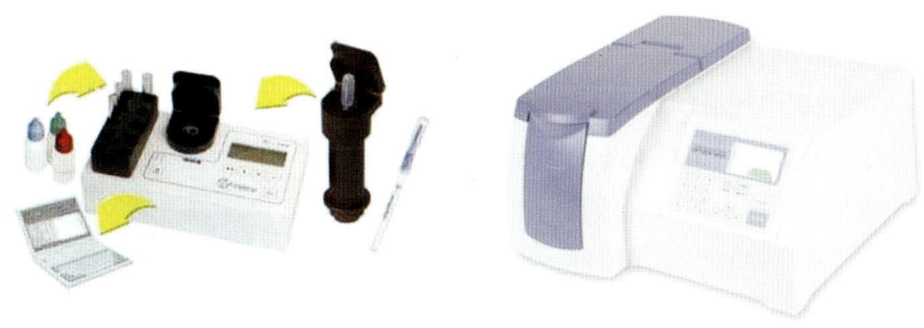

图5—1—5 食品细菌快速检测仪

3. 阻抗法

阻抗法是指通过测量微生物代谢引起的培养基电特性变化来测定样品中微生物含量的一种快速检测方法。在培养过程中，微生物的新陈代谢作用可使培养基中电惰性的大分子底物，如碳水化合物、蛋白质、脂肪等营养物质代谢为电活性的小分子产物，如氨基酸、乳酸盐、醋酸盐等。

供细菌生长的液体培养基是电流的良好导体，在特制的测量管底部装入电极插头，即可对接种生长的培养基的阻抗变化进行检测。阻抗变化的产生是由于微生物生长过程中的新陈代谢使培养基中的大分子营养物质被分解成小分子代谢物，即较小的带电离子，这些代谢产物的出现和聚集增强了培养基的导电性能，从而降低了其阻抗值。

4. 旋转平板法

旋转平板法是指将已经倒好的琼脂平板置于仪器中，并按照一定的速度旋转，将稀释后的检验悬液通过螺旋平板注入器连续不断地注入旋转的琼脂表面，移液头在仪器控制下从中心向外按固定体积喷出稀释液，从而在平板表面形成阿基米德螺旋形轨迹，其原理如图 5—1—6 所示。

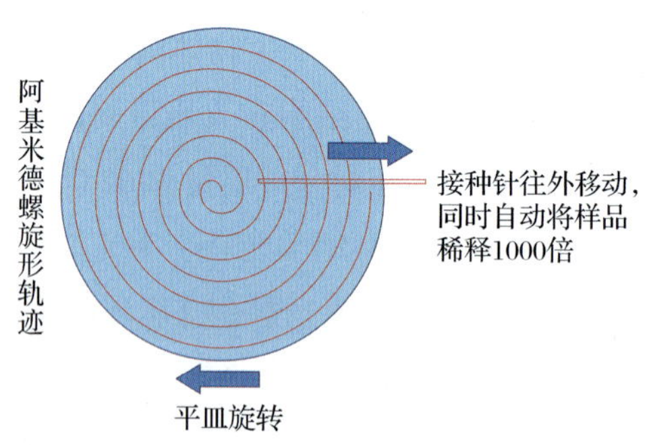

图 5—1—6　旋转平板法原理

空心针从中心移向外侧时，稀释液量减少，注入的体积和琼脂半径间存在着指数关系，培养时菌落沿注入线生长。培养过程中利用DWS螺旋平板接种仪进行接种。培养后，通过计数方格来校准与琼脂表面不同区域的样品量，计数每个区域中的菌落总数，然后折算成样品中的菌落总数，最后换算出细菌浓度，也常用自动菌落计数仪（见图 5—1—7）进行菌落计数，这样可以大大提高工作效率。

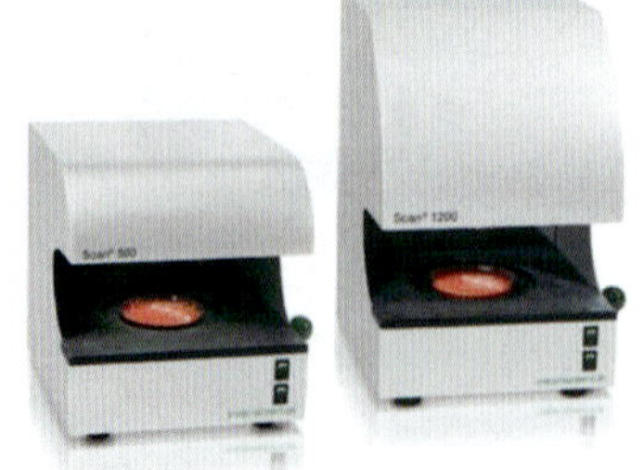

图 5—1—7　自动菌落计数仪

【任务实施】

一、准备工作

1. 设备与材料

<table>
<tr><th>配图</th><th colspan="2">名称及规格</th></tr>
<tr><td>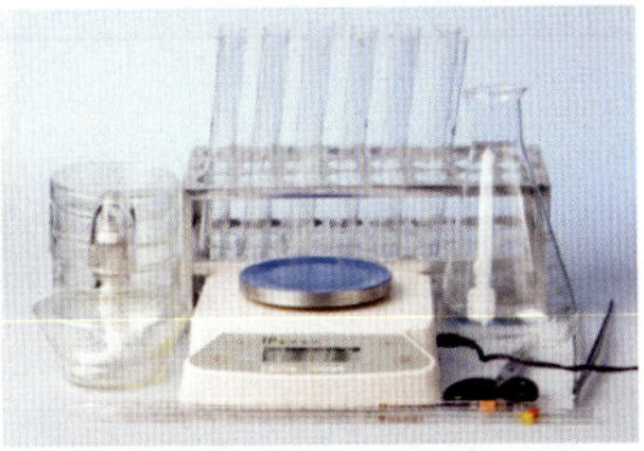
</td><td>仪器与设备</td><td>（1）恒温培养箱：（36±1）℃、（30±1）℃
（2）冰箱：2～5℃
（3）恒温水浴箱：（46±1）℃
（4）天平：感量为 0.1 g
（5）均质器、振荡器
（6）酒精灯、试管架、研钵、灭菌刀和剪刀、灭菌镊子
（7）无菌吸管：1 mL（具有 0.01 mL 刻度）、10 mL（具有 0.1 mL 刻度）或微量移液器及吸头
（8）无菌锥形瓶：容量 250 mL、500 mL
（9）无菌培养皿：直径 90 mm</td></tr>
<tr><td>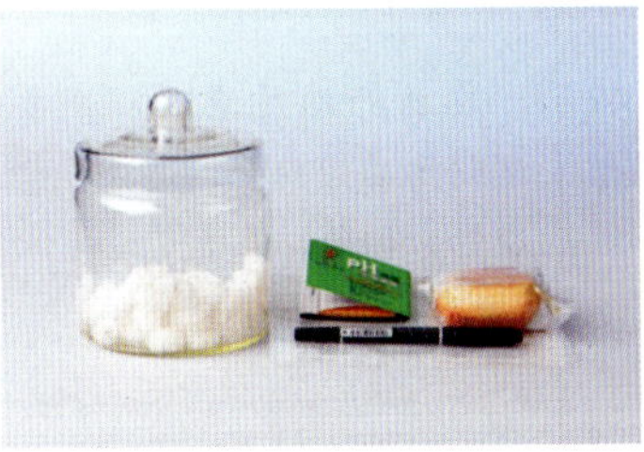</td><td>材料</td><td>（1）待检样品：蛋糕
（2）精密 pH 试纸
（3）放大镜或菌落计数器
（4）75% 的乙醇棉球、记号笔
（5）均质袋</td></tr>
</table>

2. 培养基与试剂

<table>
<tr><th>配图</th><th colspan="2">名称及规格</th></tr>
<tr><td>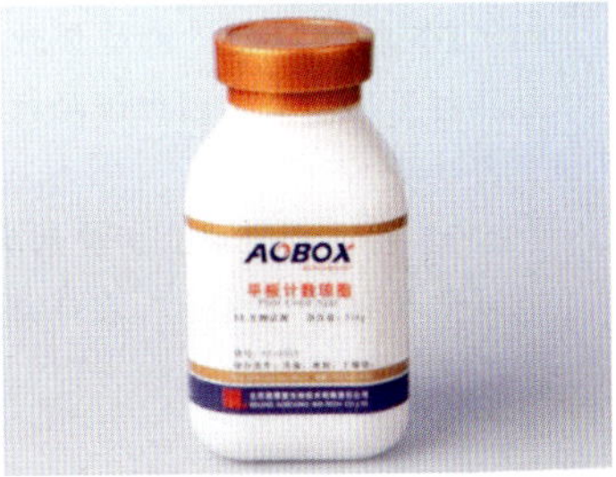</td><td>培养基</td><td>平板计数琼脂培养基</td></tr>
</table>

续表

配图	名称及规格	
	试剂	（1）10 mL 无菌生理盐水管 （2）225 mL 无菌生理盐水（0.9%）

二、操作步骤

1. 样品预处理

配图	操作方法	操作说明
	（1）以无菌操作方法称取 25 g 预处理样品，置 225 mL 无菌生理盐水罐内	1）称量样品时，尽量将样品剪碎，这样有利于样品均质液的制备 2）天平读数接近 25 g 时，应缓慢加入预处理样品，避免过量
	（2）以无菌操作方法，将均质杯中的预处理样品混合液倒入均质袋中	在打开均质袋时，不要触碰到均质袋内壁，避免内壁沾染外来细菌
	（3）用拍击式均质器拍打 1～2 min，制成 1 ∶ 10 的样品匀液	1）拍打前一定要将均质袋中的空气排净，以免影响拍打效果 2）拍打前要将均质袋放在拍打器的中央，以保证拍打均匀 3）均质袋袋口应折叠两次，避免拍打时均质液从袋口溢出

2. 10倍稀释液的制备

配图	操作方法	操作说明
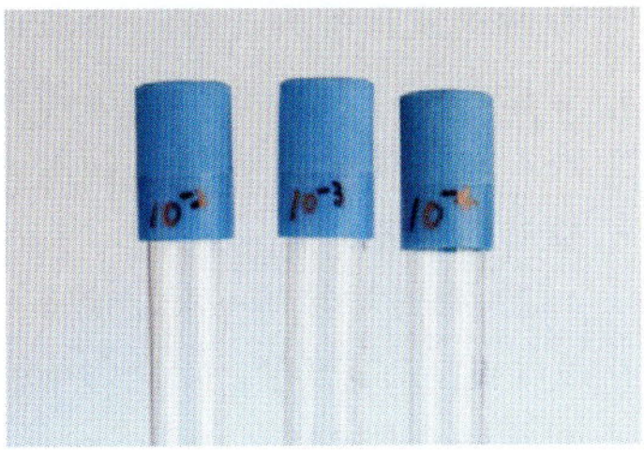	（1）在无菌生理盐水管上标注稀释倍数，并从每个稀释度中分别吸取1 mL空白稀释液加入一个无菌平皿内做空白对照	稀释液空白对照只针对同一浓度的稀释液，每次做一个空白对照平板
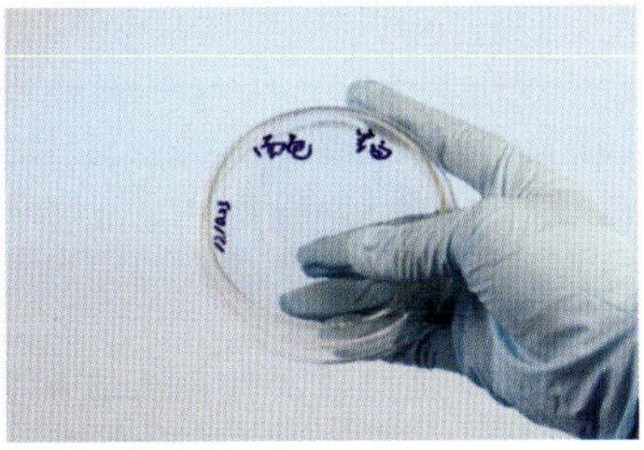	（2）在培养皿外圈标注操作时间、操作人及稀释倍数，并标注空白	向平皿中加入稀释液时要在无菌环境下进行
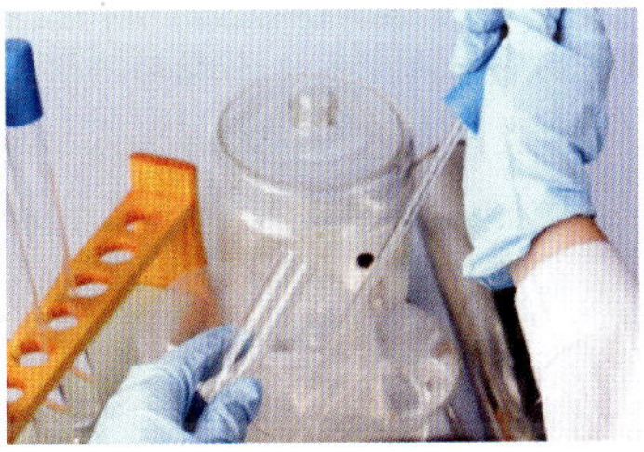	（3）以无菌操作方法，用1 mL无菌吸管吸取1:10样品匀液1 mL，沿管壁缓慢注入盛有9 mL稀释液的无菌试管中	1）吸管或吸管尖端不要触及均质袋袋口、外侧及试管口外壁，这些部位都有可能触碰过手或其他物品 2）吸入液体时，应先高于吸管刻度，然后提起吸管尖端离开液面，将尖端贴于内壁，使吸管内的液体调至所需刻度，这样取样较为准确 3）吸管插入无菌稀释液内不能低于2.5 cm
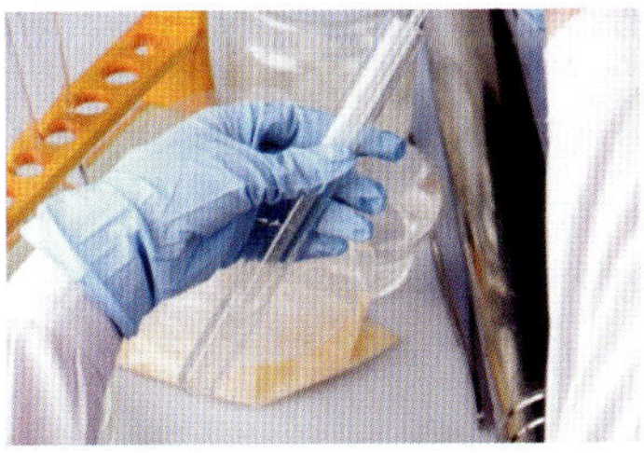	（4）振摇试管，无菌操作，换用一支无菌吸管反复吹吸样品匀液，使其混合均匀，制成1:100的样品匀液	1）吸管不要触碰试管口外壁，避免污染 2）吹吸过程应迅速且充分

续表

配图	操作方法	操作说明
	（5）按上述操作程序，以此类推，连续稀释，制备 10 倍系列稀释样品匀液（例如 10^{-3}、10^{-4} 倍稀释液）	1）将检样匀液加入 9 mL 空白稀释液试管内，应小心沿试管壁加入，不要触及管内稀释液，防止吸管尖端外侧黏附的检液混入其中 2）每递增稀释一次，换用一支 1 mL 无菌吸管，以免影响检测数据的准确性

3. 将样品匀液加入灭菌培养皿

配图	操作方法	操作说明
	（1）选择 2 ～ 3 个适宜稀释度的样品匀液，进行样品匀液的加入	将样品匀液加入灭菌培养基的操作应在无菌环境下进行
	（2）以无菌操作方法，在进行 10 倍递增稀释后，按稀释倍数吸取 1 mL 样品匀液加入无菌平皿内，每个稀释度做两个平行平皿	操作要迅速，以保证在 20 min 内完成多个稀释度样品匀液的加入，在检样加入平皿后，应在 20 min 内倾注培养基，这样可防止细菌增殖和片状菌落的产生

4. 倒入培养基

配图	操作方法	操作说明
	将 15 ～ 20 mL 冷却至 46℃的平板计数琼脂培养基［可放置于（46±1）℃的恒温水浴箱中保温］倾注于平皿中，转动平皿使其混合均匀	1）在 20 min 内加完所有样品匀液，开始倾倒培养基，避免产生片状菌落 2）加入混合培养基时，可将皿底在平面上先前后左右摇动，再按顺时针和逆时针方向旋转，以使其混匀 3）混合过程中要小心，避免培养基溅到平皿边及上方，造成外溢

5. 培养

配图	操作方法	操作说明
	待琼脂凝固后，将平板翻转，(36±1) ℃培养(24±2) h	平皿内琼脂凝固后，在数分钟内即应将平皿翻转，进行培养，这样可避免菌落蔓延生长

6. 菌落计数

配图	操作方法	操作说明
	按照GB 4789.2—2010的要求进行菌落计数	对菌落进行计数时可用肉眼观察，必要时借用放大镜或菌落计数器，以防遗漏。同时记录稀释倍数和菌落数量(CFU)

三、菌落计数的结果与报告

1. 计数平板的选择

不同情况菌落计数方法	
(1) 选取菌落数为30～300 CFU且无蔓延生长的平板计数菌落总数	低于30 CFU作为该稀释度菌落数；高于300 CFU记录为"多不可计"。每个稀释度应采用两个平板的平均数
(2) 若平板上有较大片状菌落生长	不宜采用，不对该平板进行计数
(3) 若片状菌落不足该平板一半，且其余部分均匀分布	应计数其余一半的菌落数乘以2，作为该平板菌落数
(4) 当平板菌落出现链状生长菌落时	将每条单链作为一个菌落计入菌落总数中

2. 平板稀释度的选择

配图	不同情况菌落计数方法
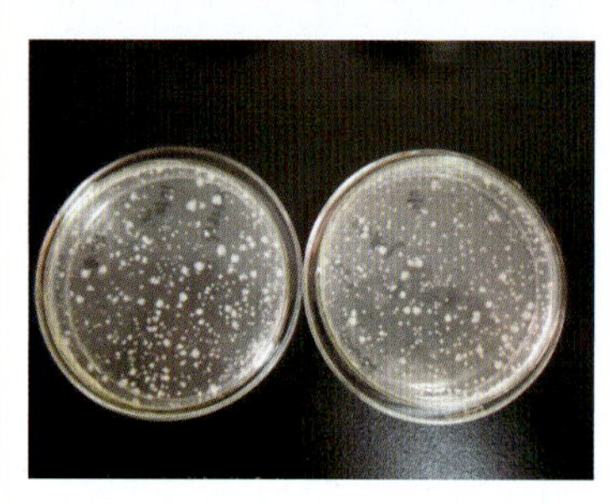	（1）若只有一个稀释度平板上的菌落数在 30 ～ 300 CFU 之间，计算两个平板菌落数的平均值，再将平均值乘以相应稀释倍数，作为每克（毫升）样品中菌落总数结果，见表 5—1—1 例 1
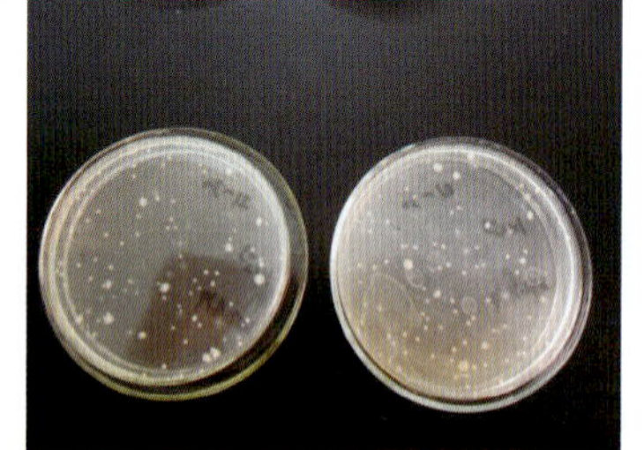 	（2）若有两个连续稀释度的平板菌落数在适宜计数范围内，按下式计算，见表 5—1—1 例 2 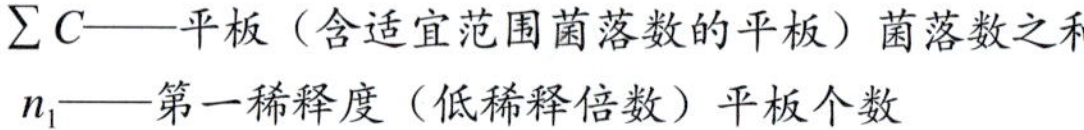 $$N=\frac{\sum C}{(n_1+0.1n_2)d}$$ 式中　N——样品中的菌落数 $\sum C$——平板（含适宜范围菌落数的平板）菌落数之和 n_1——第一稀释度（低稀释倍数）平板个数 n_2——第二稀释度（高稀释倍数）平板个数 d——稀释因子（第一稀释度）
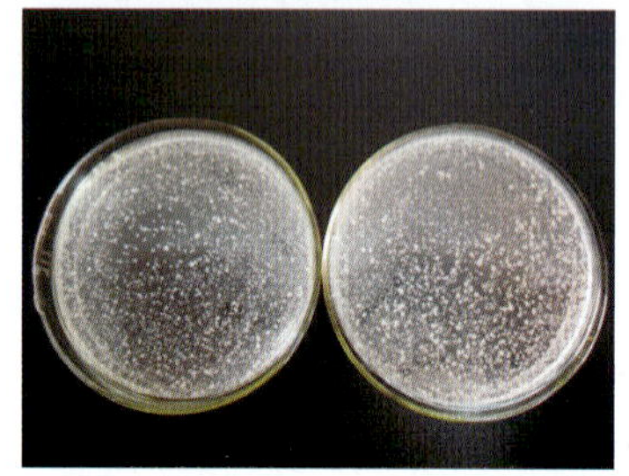	（3）所有稀释度的平板菌落数均大于 300 CFU，则对稀释度最高的平板进行计数，其他平板可记录为“多不可计”，结果按平均菌落数乘以最高稀释倍数计算，见表 5—1—1 例 3
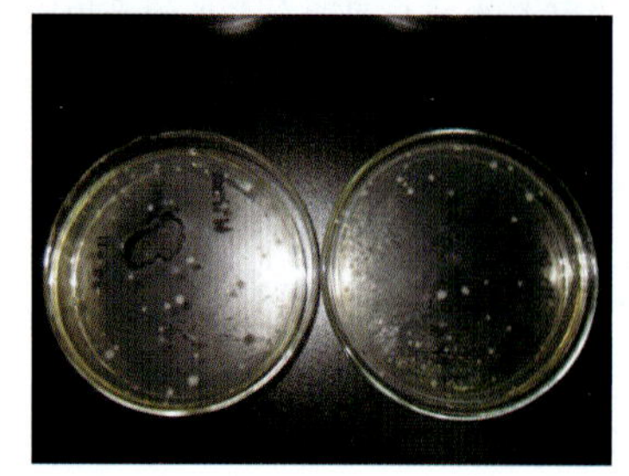	（4）所有稀释度的平板菌落数均小于 30 CFU，应按稀释度最低的平均菌落数乘以稀释倍数计算，见表 5—1—1 例 4

续表

配图	不同情况菌落计数方法
	（5）所有稀释度（包括液体样品原液）平板均无菌落生长，以小于 1 乘以最低稀释倍数计算，见表 5—1—1 例 5
	（6）所有稀释度的平板菌落数均不在 30 ～ 300 CFU 之间，其中一部分小于 30 CFU 或大于 300 CFU，以最接近 30 CFU 或 300 CFU 的平均菌落数乘以稀释倍数计算，见表 5—1—1 例 6

表 5—1—1　　不同稀释度的选择及菌落报告方式

实例	稀释液及菌落数			菌落总数	报告方式
	10^{-1}	10^{-2}	10^{-3}		
1	多不可计	234	14	23 400	23 000 或 2.3×10^4
2	多不可计	232、244	33、35	24 727	25 000 或 2.5×10^4
3	多不可计	多不可计	337	33 700	340 000 或 3.4×10^5
4	29	13	5	290	290 或 2.9×10^2
5	0	0	0	<10	<10
6	多不可计	310	13	31 000	31 000 或 3.1×10^4

四、菌落总数的原始记录与报告（见表 5—1—2）

表 5—1—2　　　　菌落总数检验原始数据记录表

样品名称			检验日期			检验员		
室温			湿度			培养时间		
样品编号	执行标准	标准要求	实验数据				结果	结论
						空白		
测定步骤			计算公式			备注		

报告说明：

（1）菌落数小于 100 CFU 时，按“四舍五入”原则修约，以整数报告。

（2）菌落数大于或等于 100 CFU 时，第三位数字按“四舍五入”原则修约后，取前两位数字，后面用 0 代替位数；也可以 10 的指数形式来表示，按“四舍五入”原则修约后，取两位有效数字。

（3）若所有平板上为蔓延菌落而无法计数，则报告菌落蔓延。

（4）若空白对照上有菌落生长，则此次检验结果无效。

（5）称重取样以 CFU/g 为单位报告，体积取样以 CFU/mL 为单位报告。

【技能拓展】

对火腿肠进行菌落总数的快速检验（纸片法）

一、准备工作

1. 菌落总数快检纸片。
2. 被检样品：火腿肠。
3. 仪器与设备参见“任务实施”。

二、操作步骤

1. 样品处理：见菌落总数检测。

2. 接种：一般食品选 2 ~ 3 个稀释度进行检测。将菌落总数测试片置于平坦的实验台面，揭开上层膜，用无菌吸管吸取 1 mL 样品匀液缓慢均匀地滴加到纸片上，然后再将上层膜慢慢盖上，静置 10 s 左右使培养基凝固，每个稀释度接种两片。同时做一片空白阴性对照。

3. 培养：将测试片叠在一起放回原自封袋中并封口，透明面朝上水平置于恒温培养箱内，堆叠片数不超过 12 片。一般食品培养温度为（36 ± 1）℃，培养 15 ~ 24 h；水产品培养温度为（30 ± 1）℃，培养 48 h。

【考核评价】

考核点	考核标准	配分	得分
检测前的准备	仪器准备齐全，并摆放整齐	10	
	培养基配制正确		
	生理盐水准备齐全		
样品预处理	对包装开口处的周围进行消毒	20	
	样品称取质量准确		
	样品拍打充分		
	无菌操作正确		
10 倍稀释液的制备	吸取样品匀液动作规范、准确	20	
	振摇试管操作正确		
	随着稀释倍数的改变更换吸量管		
	制备过程在无菌条件下进行		
样品匀液的制作	操作过程中双手配合协调	10	
	向培养皿中加入样品匀液操作规范		
倒入培养基	倾倒培养基体积适量	10	
	培养基温度适宜		
培养	培养前平板翻转准确	10	
	正确设定培养温度、时间		
	平板标注全面、清晰		
菌落计数	正确对菌落进行计数	20	
	选择适宜稀释度的平板进行计数		
合计		100	

【思考与练习】

一、思考题

1. 简述菌落总数的基本概念及检验原理。
2. 简述菌落总数的测定方法。
3. 为什么营养琼脂培养基的温度要保持在（46±1）℃？
4. 在制备10倍样品稀释液的过程中需要注意什么？
5. 为使平板菌落计数准确，需要掌握哪几个关键步骤？请说明理由。

二、实训题：牛奶中菌落总数的检测

提示：

1. 将检样摇匀，以无菌操作开启包装。塑料或纸盒（袋）装，用75%的乙醇棉球消毒盒盖或袋口，用灭菌剪刀切开；玻璃瓶装，以无菌操作去掉瓶口的纸罩或瓶盖，瓶口经火焰消毒。用灭菌吸管吸取25 mL（液态乳中添加固体颗粒物的，应均质后取样）检样，放入装有225 mL灭菌生理盐水的锥形瓶内，振摇均匀。

2. 参照《食品安全国家标准　食品微生物学检验　乳与乳制品检验》(GB 4789.18—2010) 进行牛奶菌落总数检测。

任务2　食品中大肠菌群的检验

【学习目标】

1. 掌握大肠菌群的概念和卫生学意义。
2. 掌握大肠菌群检验的方法和原理。
3. 能以小组合作方式完成食品中大肠菌群的检验。
4. 能正确查询MPN表并报告MPN值。

【任务引入】

大肠菌群超标现象在食品检验中屡见不鲜，据2012年12月19日《信息时报》报道，广州市质监局发布的食品质量抽查第十批公告中，抽查涉及水果制品、蔬菜制品、薯类食品、冷冻饮品、湿河粉、湿米粉等食品，其中有三个批次产品被判定为不合格，不合格项目均为大肠菌群超标。

作为一名检验人员，应熟练掌握食品中大肠菌群的检验方法。大肠菌群是评价食品卫生质量的重要指标之一，大肠菌群数的高低表明了食品受粪便污染的程度，以及肠道致病菌污染可能性的大小。本任务将以米果为例，完成米果样品中大肠菌群的检验。

【任务分析】

食品出现大肠菌群超标现象最常见的原因有两个：一是生产环境卫生状况不佳，二是操作人员不注意个人卫生。大肠菌群的检验方法有中华人民共和国国家标准（GB）、出入境检验检疫行业标准（SN）及 AOAC 官方方法等多种国际方法，其中《食品安全国家标准　食品微生物学检验　大肠菌群计数》（GB 4789.3—2010）中的 MPN 计数法在国内应用最为广泛。

【相关知识】

一、大肠菌群的概念

大肠菌群是指需氧及兼性厌氧，能在 37℃条件下培养 48 h 后分解乳糖产酸产气的一群革兰氏阴性无芽孢杆菌。

二、大肠菌群的卫生学意义

大肠菌群并非由细菌学分类命名，而是卫生细菌领域的用语，它不代表某一个或某一属细菌，而是指具有某些特性的一组与粪便污染有关的细菌，这些细菌在生化及血清学方面并非完全一致。大肠菌群主要包括肠杆菌科中的埃希氏菌属、柠檬酸细菌属、克雷伯氏菌属和肠杆菌属。大肠菌群中以埃希氏菌属为主，俗称大肠杆菌。

早在 1885 年 Eschorich 证实了大肠杆菌是温血动物中的主要细菌，这为后来以大肠菌群作为粪便污染指标奠定了基础。因大肠菌群都是直接或间接来自人和温血动物的粪便，所以可作为粪便污染指标来评价食品的卫生状况，进而推断食品受肠道致病菌污染的可能。因粪便内除一般正常细菌外，还可能会有一些肠道致病菌（如沙门氏菌、志贺氏菌等）存在，如食品被粪便污染，则可以推测该食品中存在着肠道致病菌污染的可能性，构成食物中毒和流行病的威胁，对人体健康有潜在危险性。若食用了大肠菌群超标的食品，容易患痢疾等肠道疾病，出现腹泻、呕吐等症状，严重的还有可能造成中毒性细菌感染。

三、大肠菌群的检验

食品中大肠菌群的检验方法可分为传统方法和快速方法两种。传统方法包括最可能数（MPN）法和固体平板计数法，其中 MPN 法使用广泛。

1. 最可能数（MPN）法

（1）基本原理。MPN 法是统计学和微生物学相结合的一种定量检测方法。待检样品经系列稀释并培养后，根据其生长的最低稀释度与最高稀释度，应用统计学概率论推算出大肠菌群在待检样品中的最大可能数。稀释度的选择是基于对样品中菌数的估测，较理想的结果应该是最低稀释度三管为阳性，而最高稀释度三管为阴性。如果无法估测样品中的菌数，则应做一定范围的稀释度。

（2）检验流程。大肠菌群 MPN 计数检验程序如图 5—2—1 所示。

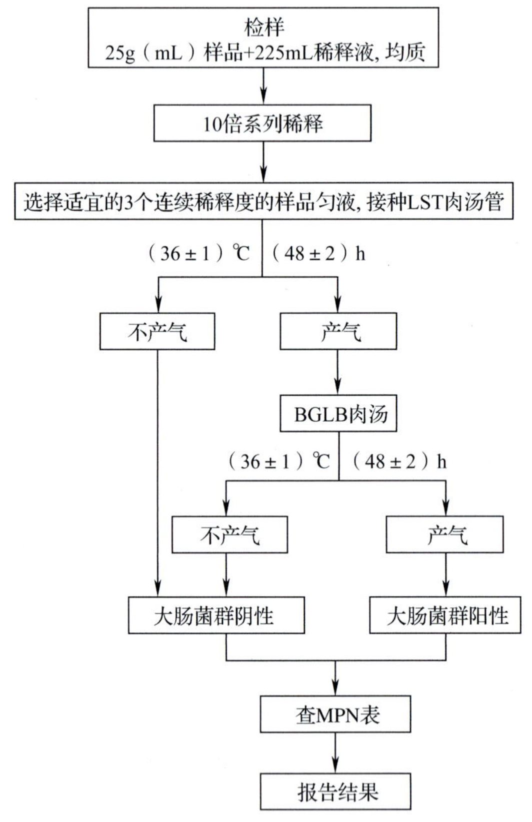

图 5—2—1　大肠菌群 MPN 计数检验程序示意图

（3）结果判定。MPN 法中导管内是否产气是检验的重点之一。大肠菌群的产气量，多则可以使导管充满气体，甚至使导管悬浮在培养基的表面，少则产生比米粒还小的气泡。产气量与大肠菌群的检出率呈正相关，但随样品种类而有所不同，有时产气量特别少，对产气判定有疑问时，可以用手轻轻敲动或摇动试管，如有气泡沿管壁上升，应考虑有气体产生，做进一步确认实验。这种情况的阳性检出率可达到50%以上。

2. 固体平板计数法

大肠菌群在固体培养基中发酵乳糖产酸，在指示剂的作用下形成可计数的红色或紫红色菌落，带有或不带有红色的胆盐沉淀环。通过计数结晶紫中性红胆盐琼脂（VRBA）平板上的红色或紫红色、带有或不带有红色的胆盐沉淀环的菌落，即可检测出大肠菌群在待检样品中的数量。

四、大肠菌群快速检验方法

快速检验一般是使用测试片检验大肠菌群的方法，可以采用Easy Test™微生物测试片或者3M Petrifilm™测试片等。Easy Test™微生物测试片是一种将脱水培养基附着于无纺布棉垫上的快速检测技术。根据微生物特有的酶与培养基中的底物进行特异性结合，从而使生长的菌落呈现不同的颜色，通过计数相应颜色的菌落即可检测出食品中微生物的含量。使用时掀开检测纸片上层透明膜，把1 mL待测样液加于纤维垫上，待样液完全吸收，缓缓将透明膜盖回，于（36±1）℃的培养箱中培养（24 ±1）h，即可计数，如图5—2—2所示。

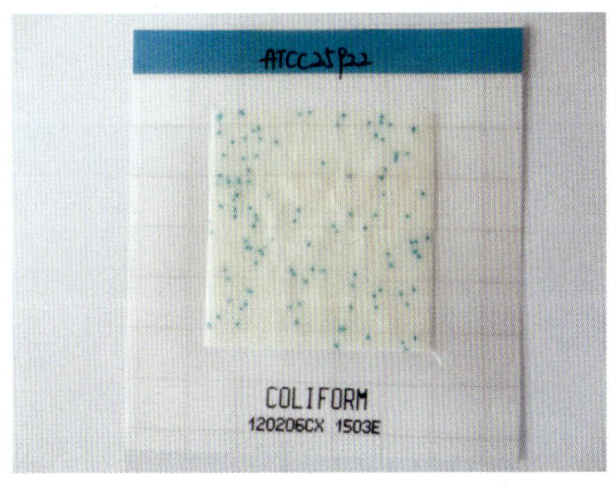

图5—2—2 大肠菌群快速检测纸片

【任务实施】

一、准备工作

1. 设备与材料

配图	名称及规格	
	仪器与设备	（1）恒温培养箱：（36±1）℃ （2）冰箱：2～5℃ （3）天平：感量为0.1 g （4）均质器和均质袋 （5）振荡器

续表

配图	名称及规格	
	材料	（1）待检样品 （2）无菌吸管：1 mL（具有 0.01 mL 刻度）、10 mL（具有 0.1 mL 刻度）或微量移液器及吸头 （3）无菌锥形瓶：容量 250 mL、500 mL （4）无菌试管：16 mm × 160 mm （5）玻璃小导管：长度约 20 mm （6）pH 计或 pH 比色管或精密 pH 试纸 （7）接种环

2. 培养基与试剂

配图	名称及规格	
	培养基	（1）月桂基硫酸盐胰蛋白胨肉汤（LST） （2）煌绿乳糖胆盐肉汤（BGLB） 图片说明：图中左边为 LST 肉汤管，右边为 BGLB 肉汤管
	试剂	（1）磷酸盐缓冲液（0.01 M） （2）无菌生理盐水（0.85%） 图片说明：图中为磷酸盐缓冲液

二、操作步骤

1. 样品预处理

配图	操作方法	操作说明
	（1）以无菌操作，称取 25 g 样品置于盛有 225 mL 磷酸盐缓冲液或生理盐水的无菌均质杯内，或放入盛有 225 mL 稀释液的无菌均质袋中	以 8 000 ～ 10 000 r/min 的速度均质 1 ～ 2 min
	（2）用拍击式均质器拍打 1 ～ 2 min，制成 1:10 的样品匀液	1）拍打前一定要将均质袋中的空气排净，以免影响拍打效果 2）拍打前要将均质袋放置在均质器较为中央的部位，保证拍打均匀

2. 样品稀释

配图	操作方法	操作说明
	（1）用 1 mL 无菌吸管或微量移液器吸取 1:10 样品匀液 1 mL，沿管壁缓慢注入盛有 9 mL 稀释液的无菌试管中	1）样品匀液的 pH 值应在 6.5 ～ 7.5 之间，必要时分别用 1 mol/L NaOH 或 1 mol/L HCl 调节 2）吸管或吸头尖端不要触及稀释液面

续表

配图	操作方法	操作说明
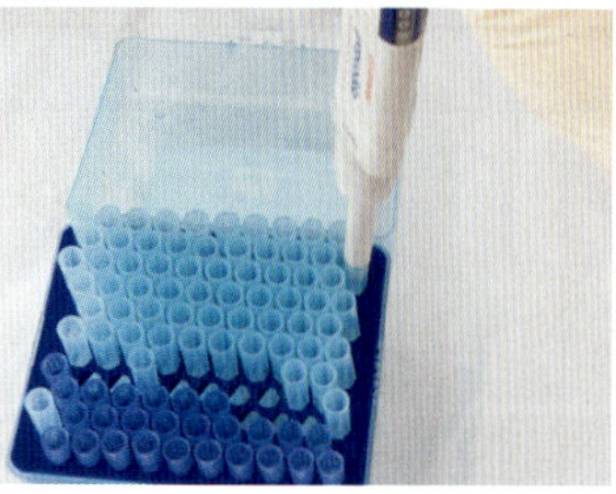	（2）振摇试管或换用一支无菌吸管反复吹打使其混合均匀，制成1:100的样品匀液	1）每递增稀释一次，换用一支1 mL无菌吸管或吸头 2）更换吸管，以免干扰检测数据
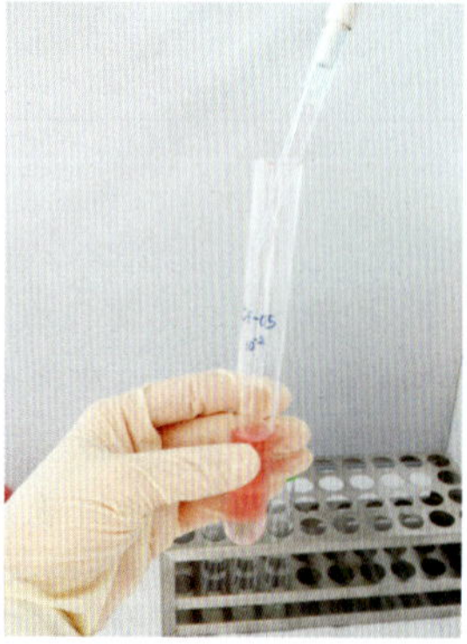	（3）按上述操作程序，依次制备10倍系列稀释样品匀液（例如10^{-3}、10^{-4}、10^{-5}、10^{-6}倍稀释液）	从制备样品匀液至样品接种完毕，全过程不得超过15 min

3. 初发酵实验

配图	操作方法	操作说明
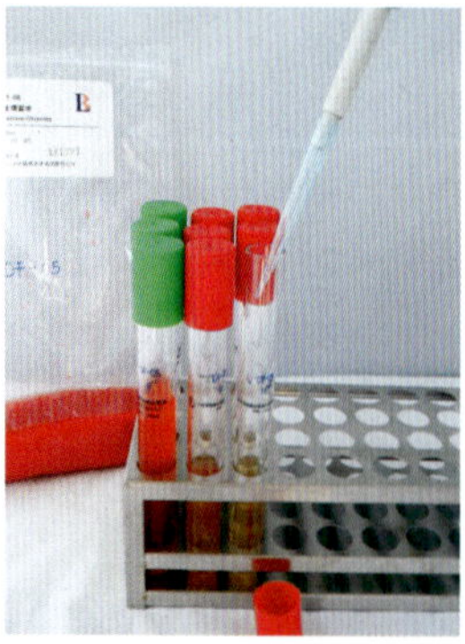	（1）选择3个适宜的连续稀释度的样品匀液，每个稀释度接种三管月桂基硫酸盐胰蛋白胨肉汤（LST），每管接种1 mL	1）液体样品可接种样品原液 2）如接种量超过1 mL，则用双料LST肉汤

续表

配图	操作方法	操作说明
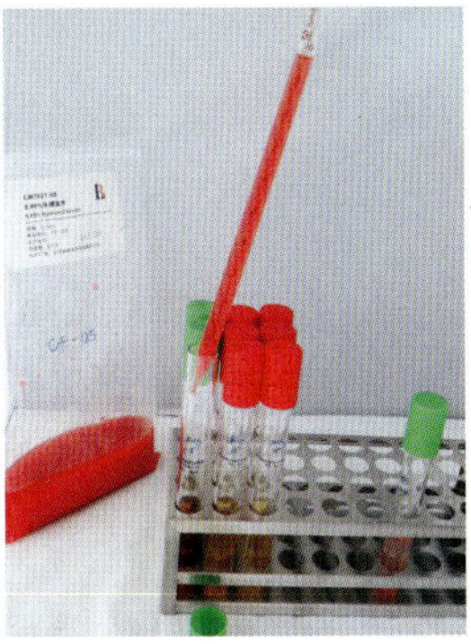	（2）如样品的污染程度很低，可取最低稀释度的样品匀液 10 mL，分别接种三管双料 LST 肉汤	双料 LST 肉汤与单料 LST 肉汤的区别是干粉培养基的量加倍，但蒸馏水的量不变
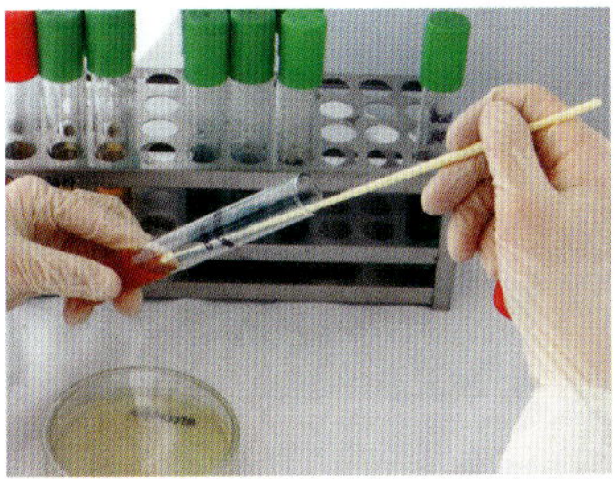	（3）同时接种大肠埃希氏菌的标准菌株于 LST 肉汤管和双料 LST 肉汤管做阳性对照，取未接种的 LST 肉汤管和双料 LST 肉汤管做空白对照	用接种环挑取大肠埃希氏菌 ATCC25922 的纯菌落进行接种
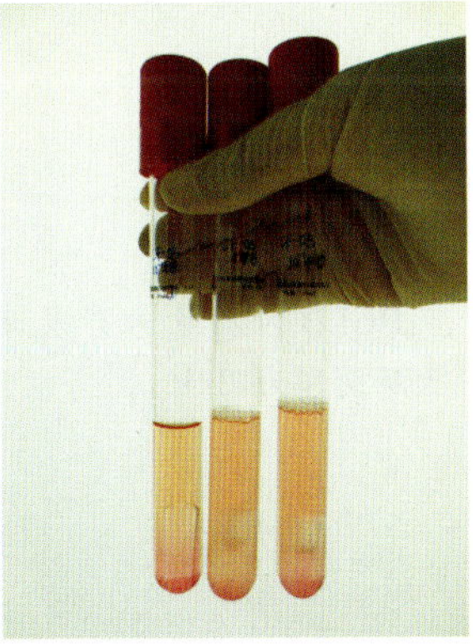	（4）（36±1）℃培养（24±2）h，观察导管内有无气泡产生，（24±2）h 产气者做复发酵实验	如未产气则继续培养至（48±2）h，产气者做复发酵实验，未产气者为大肠菌群阴性

4. 复发酵实验

配图	操作方法	操作说明
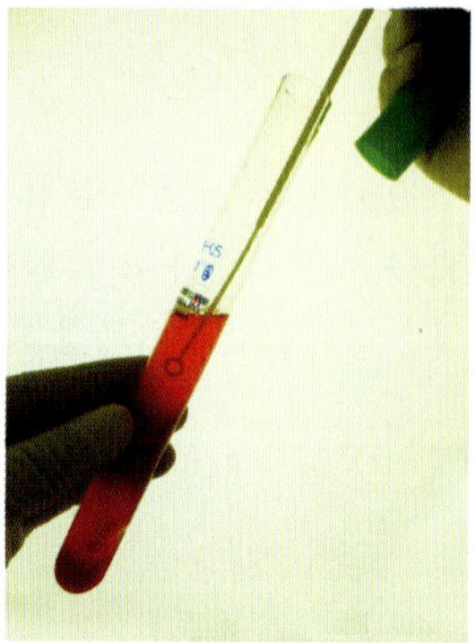	（1）用接种环从产气的LST肉汤管中分别取培养物一环，移种于煌绿乳糖胆盐肉汤（BGLB）管中	LST肉汤管应先摇匀，再用接种环取一环，接种于BGLB肉汤管
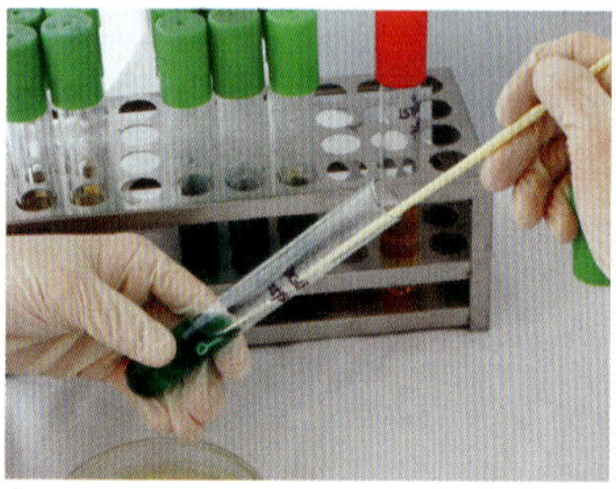	（2）同时接种大肠埃希氏菌的标准菌株于煌绿乳糖胆盐肉汤（BGLB）管做阳性对照	用接种环挑取大肠埃希氏菌ATCC25922的纯菌落接种于BGLB肉汤管
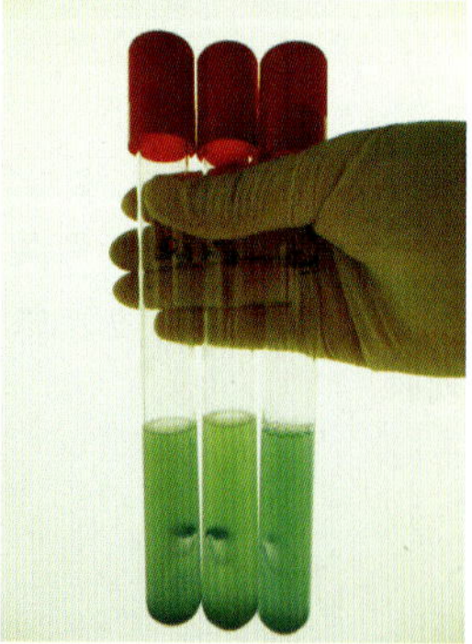	（3）（36±1）℃培养（48±2）h，观察导管内有无气泡产生，产气者计大肠菌群为阳性	BGLB肉汤管未产气者计大肠菌群为阴性

5. 大肠菌群最可能数（MPN）的报告

配图	操作方法	操作说明
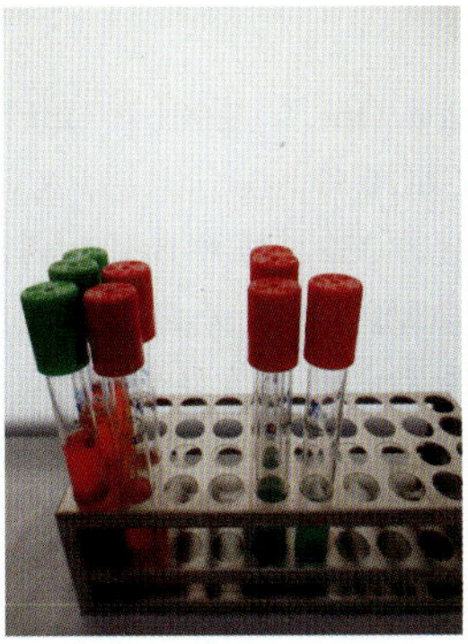	按上述确证的大肠菌群LST阳性管数检索MPN表，报告每克（毫升）样品中大肠菌群的MPN值	LST肉汤管的产气管数为320，BGLB肉汤管的产气管数为21，按210检索MPN表

三、大肠菌群最可能数（MPN）检索

配图	不同情况MPN值检索
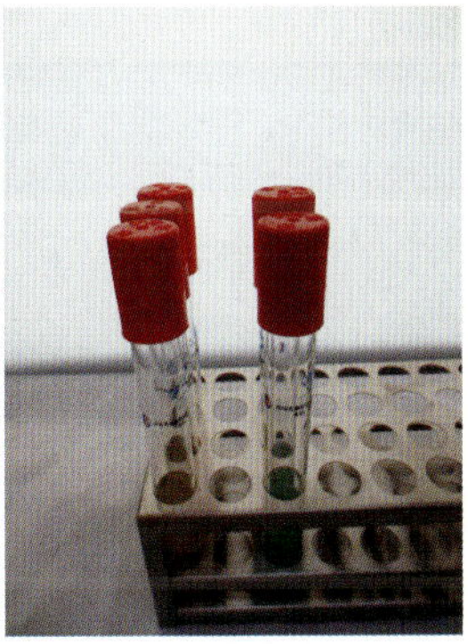	（1）附表B.1大肠菌群最可能数（MPN）检索表采用3个稀释度［0.1 g（mL）、0.01 g（mL）和0.001 g（mL）］，每个稀释度接种三管，则可直接根据阳性管数检索表内MPN值 图片说明：LST肉汤管的产气管数为300，转种BGLB肉汤管的产气管数为2，应按照200检索MPN表，报告每克（毫升）样品中大肠菌群的MPN值为9.2
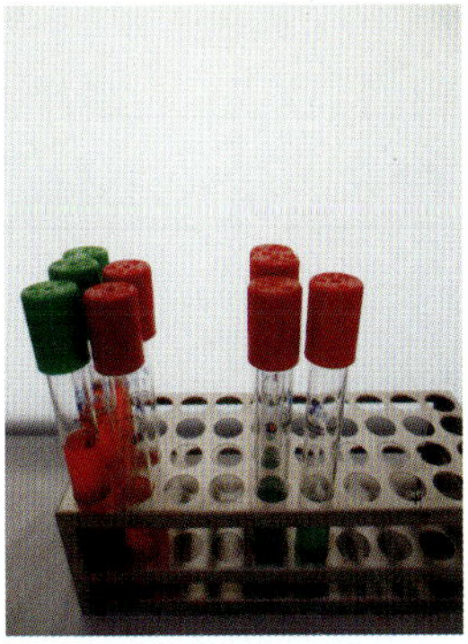	（2）表内所列检样量如改用1 g（mL）、0.1 g（mL）和0.01 g（mL），则表内数字相应降低10倍 图片说明：LST肉汤管的产气管数为320，转种BGLB肉汤管的产气管数为21，应按照210检索MPN表，并将表内数字相应降低10倍，报告每克（毫升）样品中大肠菌群的MPN值为1.5

续表

配图	不同情况 MPN 值检索
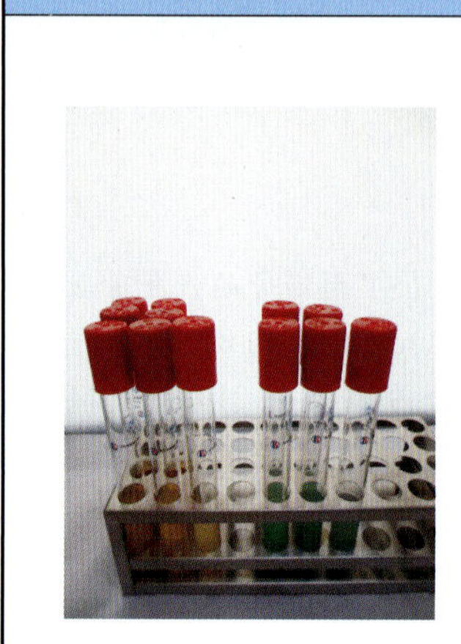	（3）表内所列检样量如改用 0.01 g（mL）、0.001 g（mL）和 0.000 1 g（mL），则表内数字相应增高 10 倍 图片说明：LST 肉汤管的产气管数为 332，转种 BGLB 肉汤管的产气管数为 221，应按照 221 检索 MPN 表，并将表内数字相应增高 10 倍，报告每克（毫升）样品中大肠菌群的 MPN 值为 280 （4）其余以此类推

四、大肠菌群的报告（见表 5—2—1）

表 5—2—1　　大肠菌群检测原始数据记录表

检验依据：　　检验时间：　　检验员：

	10	10	10	阳性对照	空白对照
LST 36℃　24 h					
LST 36℃　48 h					
BGLB 36℃　48 h					
结果（MPN/g）					

报告说明：

（1）在原始数据记录表中 3 个稀释度下方的表格内填写产气管数，应在 0 ~ 3 之间，不需要填写的空格可以用“/”表示。

（2）按实际操作填写稀释倍数，如 10^{-1}、10^{-2}、10^{-3}。

（3）称重取样以 MPN/g 为单位报告，体积取样以 MPN/mL 为单位报告。

【技能拓展】

对沙拉进行大肠菌群的快速检验（纸片法）

一、样品处理

操作步骤见大肠菌群检测。

二、接种

一般食品选 2 ~ 3 个稀释度进行检测，含菌量少的液体样品(如饮用水和果汁等)可直接吸取原液进行检测。将大肠菌群测试片（ET002）置于平坦的实验台面，揭开上层透明膜，用无菌吸管或移液器取 1 mL 样液缓慢加入纤维垫上，如图 5—2—3 所示，静置 5 s 左右，待样液完全吸收,然后缓缓将透明膜盖回。每个稀释度接种两片，同时做一片空白阴性对照。

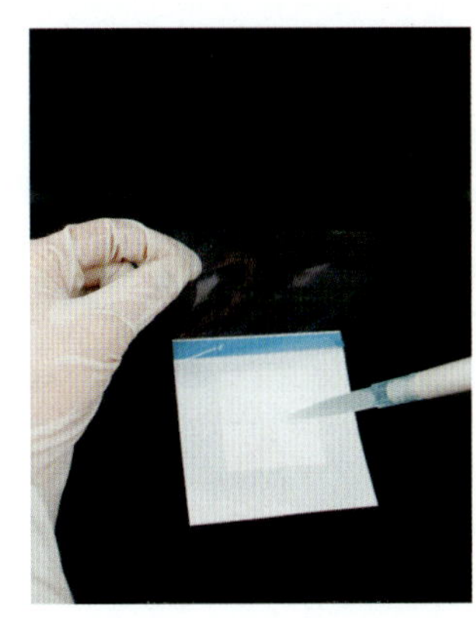

图 5—2—3　大肠菌群快速检测纸片的接种

三、培养

将测试片透明面朝上水平置于恒温培养箱内，每叠测试片最多放置 30 片，（36 ± 1）℃培养（24 ± 1）h，观察结果。

四、结果报告

大肠菌群为蓝绿色菌落，计数蓝绿色菌落数。图 5—2—4 所示为沙拉样品在大肠菌群测试片上的原始结果，应选择 10^{-2} 稀释度的测试片进行计数，报告沙拉中大肠菌群数为 4.0×10^{3} CFU/g。

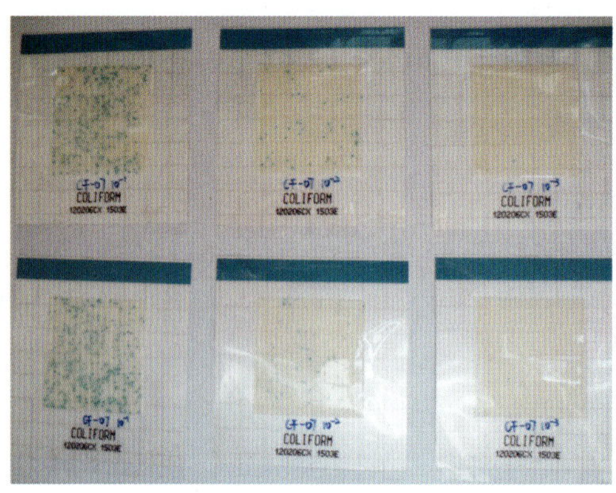

图 5—2—4　大肠菌群快速检测纸片的结果

【考核评价】

考核点	考核标准	配分	得分
检测前的准备	仪器准备齐全，并摆放整齐	10	
	培养基配制正确		
	磷酸盐缓冲液、生理盐水准备齐全		
样品预处理	对包装开口处的周围进行消毒	20	
	样品称取质量准确		
	样品拍打充分		
	无菌操作正确		
10 倍稀释液的制备	吸取样品匀液动作规范	20	
	振摇试管操作正确		
	随着稀释倍数的改变更换吸量管		
	制备过程在无菌条件下进行		
初发酵实验	操作过程中双手配合协调	20	
	向肉汤管中加入样品匀液操作规范		
	正确设定培养温度、时间		
	试管标注全面、清晰		
	正确判定小导管的产气情况		
复发酵实验	接种环灭菌操作规范	10	
	接种环移种操作规范		
报告	正确检索 MPN 表	20	
	正确报告结果		
合计		100	

【思考与练习】

1. 简述大肠菌群的基本概念。
2. 简述大肠菌群的测定方法。
3. 大肠菌群 MPN 计数法适用于哪类样品？
4. 观察产气时应该注意哪些问题？
5. 如何根据实验结果检索 MPN 表？报告结果时应该注意哪些问题？
6. 实训题：完成蔬菜中大肠菌群的检验。

任务 3 食品中霉菌和酵母菌的检验

【学习目标】

1. 了解霉菌毒素的种类及其对人体的毒害作用。
2. 掌握食品中霉菌和酵母菌检验的卫生学意义。
3. 掌握霉菌和酵母菌检验的方法及原理。
4. 能以小组合作方式完成食品中霉菌和酵母菌的检验。
5. 能正确对霉菌和酵母菌进行计数并报告。

【任务引入】

2002 年，广东省佛山市卫生监督所工作人员对该市环市镇河粉厂例行检查，发现该厂在制造河粉的时候，加入了已经黄变的陈旧大米，工作人员现场查封了 11 t “黄变米”。这家河粉生产厂用五包好米掺一包黄变米的比例，制作河粉并推向市场。卫生监督所工作人员对样品进行了霉菌检验，经样品检验，结果显示霉菌菌落总数超标，食用这种河粉会对人体肝脏和肾脏造成损害。

霉菌和酵母菌广泛分布于自然环境中。它们有时是食品正常菌相的一部分，有时也作为食品腐败菌侵染食品，造成多种食品的腐败变质。因此，霉菌和酵母菌也常作为评价食品卫生质量的指标菌，由此可见霉菌和酵母菌检验在食品卫生学上具有重要的意义，可作为判定食品被污染程度的标志，为被检样品进行卫生学评价提供依据。本任务将以果汁为例，完成果汁中霉菌和酵母菌的检验。

【任务分析】

霉菌和酵母菌的检验方法参照《食品安全国家标准　食品微生物学检验　霉菌和酵母计数》(GB 4789.15—2010)。

【相关知识】

一、霉菌和酵母菌菌落总数的检测

1. 霉菌和酵母菌菌落总数的定义

霉菌和酵母菌的测定是指食品检样经过处理，在一定条件下培养后，所得 1 g 或 1 mL 检样中所含的霉菌和酵母菌菌落数（粮食样品是指 1 g 粮食表面的霉菌总数）。霉菌和酵母菌检验方法的操作步骤与细菌菌落总数的测定相似，均采用平板计数法。

2. 霉菌和酵母菌菌落总数检测的原理

霉菌和酵母菌生长缓慢且竞争能力不强，食品中的霉菌和酵母菌在葡萄糖、蛋白胨营养丰富的条件下能够良好生长，孟加拉红作为选择性抑菌剂可抑制细菌的生长，并可减缓某些霉菌因生长过快而导致菌落蔓延生长，同时菌落着红色有利于计数，能够较好地对两种微生物进行分离。在孟加拉红培养基上生长的霉菌的特征是长菌丝，酵母菌的特征是表面呈黏液状，如图 5—3—1 和图 5—3—2 所示。

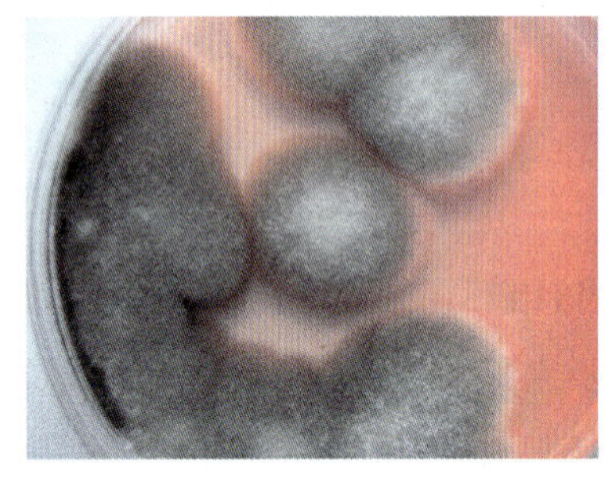

图 5—3—1　孟加拉红培养基上生长的霉菌

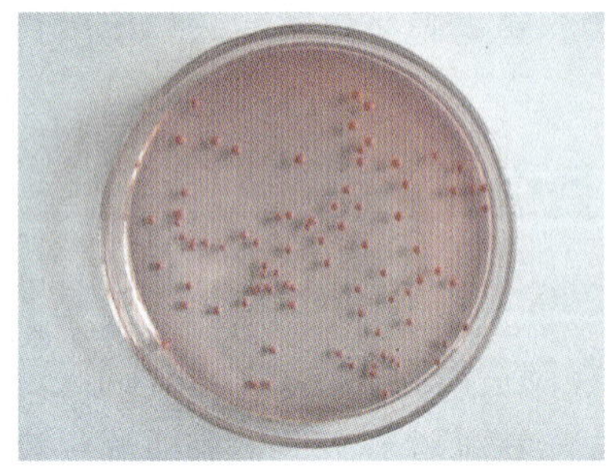

图 5—3—2　孟加拉红培养基上生长的酵母菌

3. 检测流程

根据霉菌和酵母菌测定原理，国家标准推荐平板计数法。检测流程如图 5—3—3 所示，可据此对被检样品进行霉菌和酵母菌的检测。

4. 霉菌和酵母菌的快速检测

霉菌和酵母菌快速检测片可用于各类食品及饮用水中霉菌和酵母菌的计数，由霉

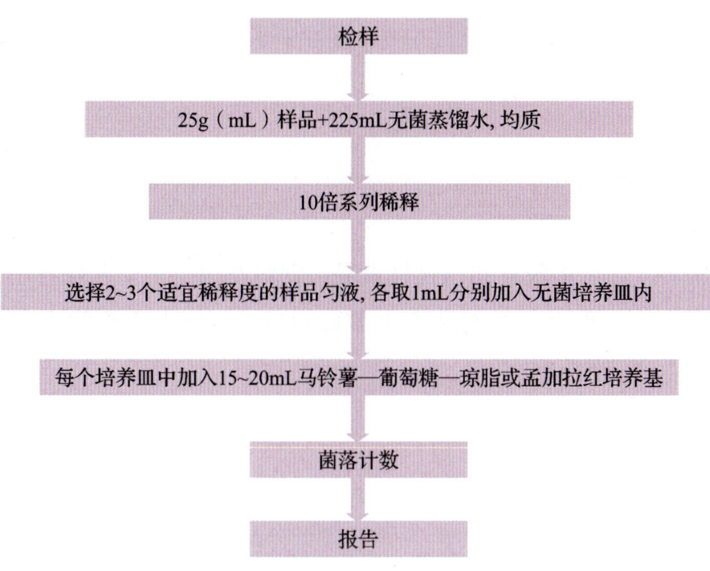

图 5—3—3 霉菌和酵母菌检测流程示意图

菌营养培养基、吸水凝胶和酶显色剂等组成。与传统方法相比，省去了配制培养基、消毒和培养器皿的清洗处理等大量辅助性工作，随时可以进行抽样检测，而且操作简便，通过酶显色剂的放大作用，使菌落提前清晰地显现出来，培养时间由一周缩短为 48 ~ 72 h，非常适合食品卫生检验部门和食品生产企业使用。

二、食品霉菌污染的评定及卫生学意义

1. 霉菌污染食品的评定

（1）霉菌污染程度，即单位质量或容积的食品污染霉菌的量，一般以 CFU/g 作为计量单位。我国已经制定了霉菌菌落总数的国家标准，如规定黄曲霉毒素在玉米、花生、花生油、坚果和干果（核桃、杏仁）中的含量≤ 20 μg/kg。

（2）食品中霉菌菌相的构成。曲霉和青霉的存在预示食品即将霉变，根霉和毛霉的存在表示食品已经霉变。

2. 食品卫生学意义

（1）霉菌引起食品霉变，霉变污染引起食物变质。霉菌污染食品，按变质程度的不同，可使食品的食用价值降低，甚至不能食用。据粗略统计，全球每年平均有 2% 的粮食因霉变而不能被食用。

（2）霉菌毒素引起人类急、慢性中毒和致癌。霉菌毒素大多通过被霉菌污染的粮

食、油料作物以及发酵食品等引起中毒，而且霉菌毒素中毒往往表现为明显的地方性和季节性，临床表现较为复杂，有急性中毒、慢性中毒以及致癌、致畸和致突变（“三致”作用）等。

三、产毒霉菌及其毒素

霉菌种类繁多，寄生于粮食和植物性食品、饲料及肉类中。若保存不当，霉菌会繁殖，产生霉菌毒素，人们食用被霉菌寄生的食物后，可能发生食物中毒。毒性强烈的霉菌毒素还会产生“三致”作用。

1. 黄曲霉毒素

黄曲霉菌（见图 5—3—4）在湿热环境下会产生黄曲霉毒素。黄曲霉毒素微溶于水，易溶于有机溶剂，耐高温，但在碱性条件下或紫外辐照时较易降解。黄曲霉毒素是一种毒性极强的化合物，人体日摄入量达到 2 ~ 6 mg 即可发生急性中毒，甚至死亡。急性中毒的主要表现是呕吐、厌食和腹水等肝炎症状。同时，黄曲霉毒素是目前所知致癌性最强的化学物质。被黄曲霉菌污染的花生如图 5—3—5 所示。

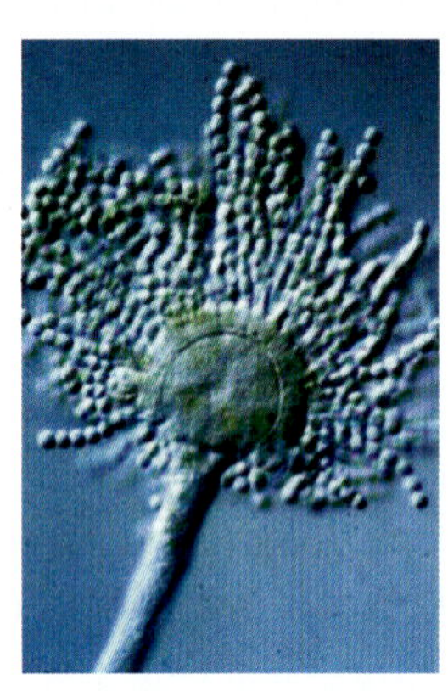

图 5—3—4　电子显微镜下的黄曲霉菌

图 5—3—5　被黄曲霉菌污染的花生

2. 岛青霉类毒素

岛青霉类毒素是由岛青霉产生的代谢产物，如黄天精、环氯素、岛青霉素、红天精等，岛青霉为青霉属。这些毒素易污染谷物（见图 5—3—6），对人体危害所表现的毒性作用一般分为三种类型，即急性毒性、亚急性或亚慢性毒性和慢性毒性作用，并已证实黄天精和环氯素有致癌作用。电子显微镜下的岛青霉素如图 5—3—7 所示。

3. 镰刀菌毒素

镰刀菌毒素主要是镰刀菌属（因其形状似镰刀故得其名，见图 5—3—8）和个别其

图 5—3—6　被岛青霉污染的大米与正常大米比较

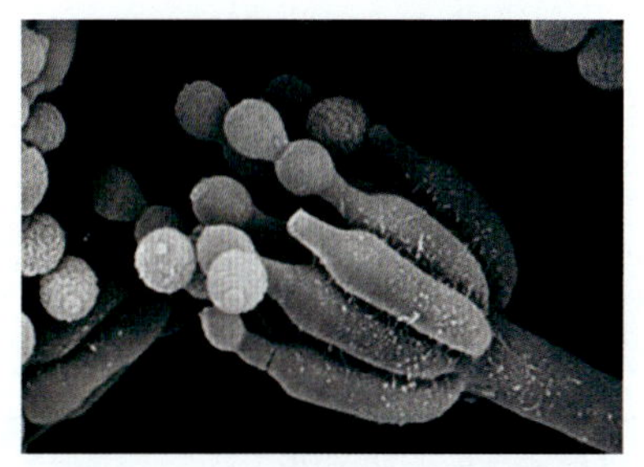

图 5—3—7　电子显微镜下的岛青霉菌

他菌属霉菌所产生的有毒代谢产物的总称。这些毒素主要是通过霉变粮谷危害人畜健康。根据其化学结构和毒性作用，主要分为单端孢霉素类、玉米赤霉烯酮和丁烯酸内酯等几类毒素。

（1）单端孢霉素类。急性毒性较强，以局部刺激症状、炎症甚至坏死为主；慢性毒性可引起白细胞减少，抑制蛋白质和 DNA 的合成。

（2）玉米赤霉烯酮。以污染玉米、大小麦和燕麦为主，具有类雌性激素样作用（见图 5—3—9）。

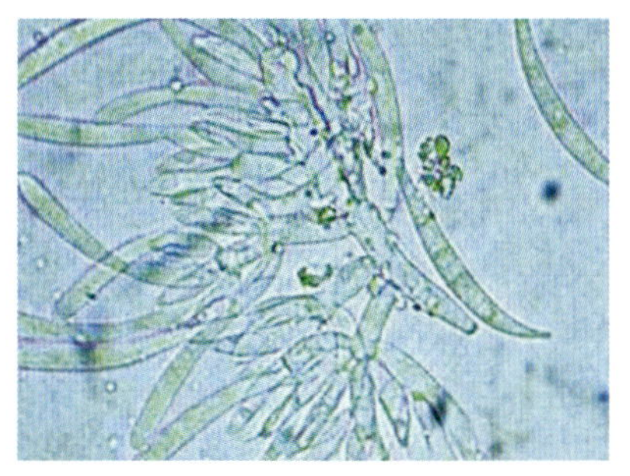

图 5—3—8　电子显微镜下的镰刀菌

图 5—3—9　被镰刀菌污染的玉米

（3）丁烯酸内酯。丁烯酸内酯是由三线镰刀菌产生的一种水溶性有毒代谢产物，可引起牛烂蹄病，导致后腿变瘸、蹄和皮肤连接处破裂、脱蹄。因为它是一种血液毒，故毒性较大，尚不能排除致癌的可能性。

四、酵母菌的危害

在种类众多的酵母菌中，也有少数是对人类有害的（25 种左右），腐生酵母能使食品、纺织品和其他原料腐败变质，如蜂蜜酵母能使蜂蜜变质；还有一些酵母是发酵工业中的污染菌，会使发酵产量降低或者产生不良气味，影响产品质量。另外，有些酵母菌可引起皮肤、黏膜、呼吸道和泌尿系统疾病。

【任务实施】

一、准备工作

1. 设备与材料

配图	名称及规格	
	仪器与设备	（1）冰箱：2～5℃ （2）恒温培养箱：（28±1）℃ （3）均质器 （4）恒温振荡器 （5）显微镜：10×～100× （6）天平：感量为 0.1 g （7）无菌锥形瓶：容量 250 mL、500 mL （8）无菌广口瓶：500 mL （9）无菌吸管：1 mL（具有 0.01 mL 刻度）、10 mL（具有 0.1 mL 刻度） （10）无菌平皿：直径 90 mm （11）无菌试管：10 mm×75 mm
	材料	（1）样品：果汁 （2）225 mL 无菌生理盐水罐 （3）均质袋

2. 培养基与试剂

配图	名称及规格	
	培养基	孟加拉红培养基

续表

配图	名称及规格	
	试剂	无菌生理盐水（0.9%）

二、操作步骤

1. 样品预处理

配图	操作方法	操作说明
	（1）用75%的乙醇棉球擦拭果汁瓶口、外包装及操作台面	擦拭果汁外包装及操作台面要充分，避免消毒不完全而影响实验结果
	（2）取无菌生理盐水瓶，用75%的乙醇棉球对瓶口进行消毒	消毒的原因是避免锥形瓶口引入杂菌，导致实验结果不准确
	（3）以无菌吸管吸取25 mL样品注入225 mL无菌生理盐水瓶	1）在蒸馏水锥形瓶内预置适当数量的无菌玻璃珠，便于混匀 2）操作应在无菌环境下进行 3）吸管或吸管尖端不要触碰瓶口外侧及瓶壁外侧，这些部位都有可能触碰过手或其他物品

续表

配图	操作方法	操作说明
	充分混匀，制成1:10的样品稀释匀液	

2. 10倍稀释液的制备

配图	操作方法	操作说明
	（1）在无菌生理盐水管上标注稀释倍数，并从每个稀释度中分别吸取1 mL空白稀释液加入一个无菌平皿内做空白对照	1）在培养皿外圈标注操作时间、操作人及稀释倍数，并标注空白 2）稀释液空白对照只针对同一浓度的稀释液，每一次做一个空白对照平板 3）向平皿中加入稀释液，并要在无菌环境下进行
	（2）用灭菌吸管吸取1 mL 1:10稀释液注入含有9 mL无菌水的试管中	1）吸管或吸管尖端不要触及均质袋袋口、外侧及试管口外壁，这些部位都有可能触碰过手或其他物品 2）样品的采集及稀释均在无菌条件下进行
	（3）另换一支1 mL无菌吸管反复吹吸，此液为1:100稀释液。按上述操作程序，以此类推，连续稀释，制备10倍系列稀释样品匀液	反复吹吸是为了将稀释液充分混合，避免由于混合不均匀而引起检验结果的误差

3. 向培养皿中加入样品匀液

配图	操作方法	操作说明
	（1）根据对样品污染状况的估计，包括样品原液，选择2～3个适宜稀释度的样品匀液	液体样品可以原液作为一个稀释浓度，直接加入培养皿中
	（2）在进行10倍递增稀释的同时，每个稀释度分别吸取1 mL样品匀液于两个无菌培养皿内	操作时应在无菌条件下进行

4. 向培养皿中加入培养基

配图	操作方法	操作说明
	（1）向培养皿中倾注15～20 mL冷却至46℃的马铃薯—葡萄糖—琼脂或孟加拉红培养基	1）可将培养基置于（46±1）℃的恒温水浴箱中保温，避免培养基凝固 2）操作在无菌环境下进行
	（2）将培养基平放于桌面，紧贴桌面转动平皿，使其混合均匀	1）倒入培养基后可将皿底在平面上先前后左右摇动，再按顺时针和逆时针方向旋转，以使培养基与样品匀液充分混匀 2）转动培养基的速度不宜过快，避免培养基溢出，影响检验结果

5. 菌落培养

配图	操作方法	操作说明
	待琼脂凝固后，将平板倒置，(28±1) ℃下放入培养箱中培养5天，观察并记录	1）平皿内琼脂凝固后，在数分钟内即将平皿翻转，进行培养，这样可避免菌落蔓延生长 2）将平板倒置是为了避免培养皿中的水蒸气凝结为水滴而滴入培养基，影响微生物培养的结果

6. 菌落计数

配图	操作方法	操作说明
	（1）用肉眼观察，必要时可用放大镜，记录各稀释倍数和相应的霉菌和酵母菌数。以菌落形成单位(CFU)表示	1）选取菌落数在10～150 CFU之间的平板，根据菌落形态分别计数霉菌和酵母菌数 2）霉菌蔓延生长覆盖整个平板的可记录为“多不可计”
	（2）菌落数应采用两个平板的平均数	

三、菌落计数的结果与报告

平板菌落数的计算，选择两个平板菌落数的平均值，再将平均值乘以相应倍数，见表5—3—1。

表5—3—1　不同情况菌落计数方法

（1）若所有平板上菌落数均大于150 CFU/g	对稀释度最高的平板进行计数，其他平板可记录为“多不可计”，结果按平均菌落数乘以最高稀释倍数计算
（2）若所有平板上菌落数均小于10 CFU/g	按稀释度最低的平均菌落数乘以稀释倍数计算
（3）若所有稀释度平板均无菌落生长	以< 1乘以最低稀释倍数计算；如果为原液，则以< 1计数

四、霉菌和酵母菌检测的原始记录与报告（见表 5—3—2）

表 5—3—2　　　　霉菌和酵母菌检测原始数据记录表

样品名称			检验日期			检验员		
室温			湿度			培养时间		
样品编号	执行标准	标准要求	实验数据				结果	结论
						空白		
测定步骤			计算公式			备注		

报告说明：

（1）菌落数小于 100 CFU 时，按“四舍五入”原则修约，以整数报告。

（2）菌落数大于等于 100 CFU 时，第三位数字按“四舍五入”原则修约后，取前两位数字，后面用 0 代替位数；也可以 10 的指数形式来表示，按“四舍五入”原则修约后，取两位有效数字。

（3）若所有平板上为蔓延菌落而无法计数，则报告菌落蔓延。

（4）若空白对照上有菌落生长，则此次检测结果无效。

（5）称重取样以 CFU/g 为单位报告，体积取样以 CFU/mL 为单位报告。

（6）报告或分别报告霉菌和（活）酵母菌数。

【技能拓展】

果汁中霉菌和酵母菌的快速检测

一、准备工作

1. 霉菌和酵母菌测试品。
2. 设备与材料参见“任务实施”。

二、操作步骤

1. 样品预处理：方法同“任务实施”。

2. 加入样品匀液：选 3 个稀释度进行检测。将检验纸片水平放在操作台面上，揭开上面的透明薄膜，用灭菌吸管吸取样品原液或稀释液 1 mL，均匀加到中央的滤纸片上，然后轻轻将上盖膜放下，静置 5 min。

3. 用手指先沿方格区边缘刮一下，防止水外流，然后再在中间轻轻推刮，使水分在纸片方格区内均匀分布，并将气泡赶走。

4. 将加入样品匀液的检验纸片平放在 28 ~ 35℃的培养箱内培养 48 ~ 72 h。

5. 结果观察：霉菌和酵母菌在纸片上生长后会显示蓝色斑点，霉菌菌落显示的斑点略大或有扩散，酵母菌落则较小而圆滑，许多霉菌在培养后期会呈现其本身特有的颜色。计数方法同本次实训。

【考核评价】

考核点	考核标准	配分	评分
无菌室	实验前用紫外灯灭菌	5	
	灭菌时间合适（20 ~ 30 min）		
工具	准备齐全	10	
	摆放整齐		
操作着装	着装整齐	10	
	头发缩入工作帽		
样品稀释	符合无菌操作要求	15	
	吸样准确，更换吸管		
倒平板	符合无菌操作要求，培养基适量	10	
保温培养	培养温度合适	10	
	培养方法正确		
平板标注	标注全面、准确	10	
	字体清楚		
菌落计数	菌落计数方法正确	15	
	结果报告准确		
台面清洁	保持操作台面整洁	10	
	玻璃仪器清洗彻底		
	废物清理及时		
操作安全	正确使用酒精灯	5	
合计		100	

【思考与练习】

一、思考题

1．简述霉菌和酵母菌检验的定义及卫生学意义。

2．简述常见的霉菌污染。

3．霉菌和酵母菌的最适生长温度和最适生长时间分别是多少？

4．总结一下霉菌和酵母菌检验步骤有哪些？分别需要注意什么？

二、实训题：咸菜的霉菌和酵母菌检测

提示：

1．样品为固体样品，预处理时需要以无菌操作方法称取25 g样品置于盛有225 mL生理盐水的无菌均质杯内。取样时应尽量剪碎，便于后面样品匀液的制备。将均质杯中的预处理样品混合液倒入均质袋中用拍击式均质器拍打1 ~ 2 min（若样品均质不充分可再次拍打），制成1:10的样品匀液。

2．其他操作步骤参见本任务的“任务实施”。

【知识链接】

一、酵母菌在食品工业中的应用

酵母是一类较重要的单细胞微生物，它与人类日常生活和工业应用有着较为密切的联系。酵母也是人类利用最早、应用最广泛、直接食用最多的一种微生物，具有发酵、营养强化、增味等功能，如今已在食品工业生产中得到广泛的应用。

1．酿酒

我国是一个酒类生产大国，也是一个酒文化文明古国，在应用酵母酿酒的领域里，有着举足轻重的地位。

酵母酿酒主要包括啤酒酿造、果酒酿造及白酒酿造三大类。按产品用途不同，分为酒精活性干酵母、白酒活性干酵母、葡萄酒活性干酵母、黄酒活性干酵母和啤酒活性干酵母等，其中白酒活性干酵母分为很少产酯的酒精活性干酵母和产酯能力较强的生香活性干酵母两类。按发酵温度不同，酿酒酵母又可分为常温活性干酵母和耐高温活性干酵母两类。

（1）啤酒。啤酒是以优质大麦为主要原料，大米、酒花等为辅料，经过制麦、糖化、啤酒酵母发酵等工序酿制而成的一种含有CO_2、多种营养成分和低酒精浓度的饮料酒。

（2）葡萄酒。葡萄酒是由新鲜葡萄或葡萄汁通过酵母的发酵作用而制成的一种低酒精含量的饮料。葡萄酒质量的好坏与葡萄品种及酒母有密切的关系。

葡萄酒酵母在分类上为子囊菌纲的酵母属，啤酒酵母种。葡萄酒酵母繁殖主要是无性繁殖，以单端（顶端）出芽繁殖。

（3）白酒。白酒是以曲类为糖类发酵剂，以淀粉类物质为原料，经过蒸煮、糖化、发酵、蒸馏、陈酿和勾兑而酿制成的各类含酒精液体。

2. 面包

面包是以面粉为主要原料，以面包酵母菌、糖、油脂和鸡蛋为辅料生产的发酵食品。面包酵母是一种单细胞生物，属真菌类。面包酵母有圆形、椭圆形等多种形态。以椭圆形用于生产较好。酵母为兼性厌氧微生物，在有氧及无氧条件下都可以进行发酵，在面包生产过程中酵母是必不可少的生物松软剂。

面包酵母主要包括鲜酵母（压榨酵母）、活性干酵母和快速活性干酵母三类。

（1）鲜酵母（压榨酵母）。采用酿酒酵母生产的含水分 70% ~ 73% 的块状产品菌种在培养基中经扩大培养、繁殖、分离、压榨而制成，呈淡黄色，具有紧密的结构且易粉碎，有较强的发面能力。在 4℃下可保藏 1 个月左右，在 0℃下能保藏 2 ~ 3 个月。产品最初是用板框压滤机将离心后的酵母压榨脱水得到的，因而被称为压榨酵母，俗称鲜酵母。

（2）活性干酵母。活性干酵母是由酿酒酵母生产的含水分 8% 左右、颗粒状、具有发面能力的干酵母产品。采用具有耐干燥能力、发酵力稳定的酵母经培养得到鲜酵母，再经挤压成型和干燥而制成。发酵效果与压榨酵母相近。产品用真空或充惰性气体（如氮气或二氧化碳）的铝箔袋或金属罐包装，货架寿命为半年到 1 年。与压榨酵母相比，它具有保藏期长、不需低温保藏、运输和使用方便等优点。

（3）快速活性干酵母。具有快速高效发酵力的细小颗粒状（直径小于 1 mm）新型产品，水分含量为 4% ~ 6%。它是在活性干酵母的基础上，采用遗传工程技术获得高度耐干燥的酿酒酵母菌株，经特殊营养配比和严格的增殖培养条件以及采用流化床干燥设备干燥而制成。与活性干酵母相同，采用真空或充惰性气体保藏，货架寿命为 1 年以上。与活性干酵母相比，其优点是颗粒较小，发酵力高，使用时不需先水化而可直接与面粉混合加水制成面团发酵，在短时间内发酵完毕即可焙烤成食品。

3. 单细胞蛋白

单细胞生物产生的蛋白质称为单细胞蛋白，简称 SCP，也是从酵母菌或细菌等微生物中提取的蛋白。它所包含的产品有饲用酵母、食品酵母和药用酵母三大类。单细胞微生物体内具有丰富的蛋白质，如酵母菌体中的蛋白质占干重的 45% ~ 55%，其氨基酸组成不亚于动物蛋白，8 种必需氨基酸中，除蛋氨酸外，SCP 含有另外 7 种必需氨基酸，一般成人每天食用 10 ~ 15 g 干酵母，蛋白质的需要量就可以得到满足。除此之外，SCP 还含有丰富的碳水化合物、脂类、维生素、矿物质等，因此单细胞蛋白是一种营养价值丰富的新型蛋白资源。

二、霉菌在食品工业中的应用

霉菌在食品工业中的用途十分广泛，许多酿造发酵食品、食品原料的制造都是在霉菌的参与下生产加工出来的。

1. 酱类

酱类包括大豆酱、蚕豆酱、面酱、豆瓣酱、豆豉及其加工制品，都是以一些粮食和油料作物为主要原料，利用以米曲霉为主的微生物经发酵酿造制成的。用于酱类生产的霉菌主要是米曲霉，米曲霉在发酵过程中充分生长发育，并大量产生和累积所需要的酶。这些酶把原料中的蛋白质分解为氨基酸，淀粉转变成糖类，在其他微生物的共同作用下生成醇、酸、酯等，这些物质组成了酱类的滋味。

2. 食醋

酿造食醋主要利用的是曲霉菌、酵母菌和醋酸菌，食醋的发酵就是这些菌共同发酵的结果。其中，曲霉菌能使淀粉水解成糖，蛋白质水解成氨基酸；酵母菌能使糖转变成酒精；醋酸菌能使酒精氧化为醋酸。可以说曲霉菌是食醋酿造的先决条件，是食醋酿造的关键菌种。

3. 腐乳

腐乳是一类以霉菌为主要菌种的大豆类发酵食品，腐乳的制作是多种微生物共同作用、进行发酵的结果，主要有毛霉菌、根霉菌、红曲霉菌、米曲霉菌等。毛霉菌在生产过程的前期发酵淀粉，产生酒精；根霉菌产生有机酸，与醇类形成芳香物质；红曲霉菌产生各种有机酸和酶类物质，同时产生鲜红色的红曲霉红素和红曲霉黄素，利用其产生红色的红曲作为腐乳的着色剂。

4. 有机酸

（1）柠檬酸。柠檬酸分子式为 $C_6H_8O_7$，外观为白色颗粒状或白色结晶粉末，无臭，具有令人愉快的强烈的酸味，易溶于水、酒精，不溶于醚、酯等有机溶剂。柠檬酸广泛存在于天然果实中，其中以柑橘、菠萝、柠檬、无花果等含量较高，主要用于食品工业中饮料、果酱、水果糖等的制造。用于生产柠檬酸的菌种主要有毛霉菌、青霉菌和曲霉菌，其中以黑曲霉产生柠檬酸的能力最强，是生产柠檬酸工业中最常用的菌种。

（2）苹果酸。苹果酸分子式为 $C_4H_6O_5$，外观为无色或微黄色粉末状、颗粒状或结晶状固体，略带有刺激性爽快酸味，易溶于水，微溶于酒精或醚，吸湿性较强，保存时易受潮。苹果酸广泛存在于水果中，因为在苹果中含量最高故得其名。近年来随着食品工业的迅速发展，市场对苹果酸的需求量越来越大。

微生物直接发酵法是我国苹果酸生产的途径，主要采用黄曲霉、米曲霉、寄生曲霉，利用糖质原料或非糖质原料，直接将原料淀粉发酵为苹果酸。

任务 4　食品中乳酸菌的检验

1. 掌握乳酸菌的定义和分类。
2. 了解乳酸菌在食品工业中的应用。
3. 掌握乳酸菌检验的基本原理和快速检验方法。
4. 能以小组合作方式完成食品中乳酸菌的检验。
5. 能正确对平板菌落进行计数并报告。

【任务引入】

乳酸菌是国际上公认的有益菌种，大量研究资料表明，乳酸菌能调节胃肠道正常菌群，维持微生态平衡，从而改善胃肠道功能；降低血清胆固醇，控制内毒素；抑制肠道内腐败菌生长及提高机体免疫力等。普通乳酸菌活力极弱，它们只能在相对受限制的环境中存活，如果脱离这些环境，自身就会遭到灭亡。只有经过特殊工艺处理的乳酸菌才能到达肠道。进入肠道内的乳酸菌，必须具备数量多、活力强的特点，才能发挥其生物功效。市场上销售的酸奶品种琳琅满目，质量良莠不齐，如何判定其质量高低，是人们关注的焦点。酸奶质量判定的一个重要指标就是其中活性乳酸菌的含量和种类，通过乳酸菌的检验可以得到答案。本任务将以凝固型酸奶为例，完成相关乳酸菌检验。

【任务分析】

乳酸菌检验越来越被人们所重视，检验方法有中华人民共和国国家标准（GB）、出入境检验检疫行业标准（SN）及AOAC官方方法等多种国际方法，其中《食品安全国家标准 食品微生物学检验 乳酸菌检验》（GB 4789.35—2010）在国内应用最为广泛。该法检验的乳酸菌主要包括乳酸杆菌、双歧杆菌和链球菌属中的嗜热链球菌。

【相关知识】

一、乳酸菌的分类和生物学特性

乳酸菌是一类可发酵糖主要产生大量乳酸细菌的统称。

1. 乳酸菌的分类

乳酸菌是一群相当庞杂的细菌，除极少数外，绝大多数都是人体内必不可少且具有重要生理功能的菌群，广泛存在于人体的肠道中。根据《伯杰氏系统细菌学手册》（第9版），乳酸菌可分为乳杆菌属、双歧杆菌属、链球菌属、片球菌属、明串珠菌属和芽孢乳杆菌属。

2. 乳酸菌的生物学特性

乳酸菌为一类革兰氏阳性无芽孢杆菌或球菌。乳杆菌一般呈细长杆状，大小为0.5 ~ 1 μm×2 ~ 10 μm，常呈链状排列，是微需氧菌。其中，保加利亚乳杆菌、干酪乳杆菌、嗜酸乳杆菌等应用广泛。链球菌一般呈短链或长链状排列，是兼性厌氧菌，代表菌是嗜热链球菌。明串珠菌一般呈圆形或卵圆形，菌体排列呈链状，可发酵利用葡萄糖产生乙酸、乳酸和二氧化碳，此特性可与链球菌区分开来。双歧杆菌的菌体不抗酸、无芽孢、无动力，菌体形态多样，呈短杆状、纤细杆状或球形，可形成各种分支或分叉形态，是专性厌氧菌。片球菌呈球形，成对或四联状排列，无芽孢、无动力、无细胞色素。芽孢乳杆菌的菌体呈细长杆状，有分节，有椭圆形的芽孢，是兼性厌氧菌。

二、乳酸菌的检验

1. 基本原理

含活性乳酸菌的食品中，乳酸菌的检验采用平板计数法将合适稀释度的样品匀液0.1 mL加入相应的培养基平板中，涂布后培养计数即可。MRS培养基平板于（36 ± 1）℃厌氧培养（48 ± 2）h用于计数乳酸菌总数，MC培养基平板于（36 ± 1）℃需氧培养（48 ± 2）h用于计数嗜热链球菌，莫匹罗星锂盐改良MRS培养基平板于（36 ± 1）℃厌氧培养（48 ± 2）h用于计数双歧杆菌。乳酸杆菌计数 = 乳酸菌总数 –（嗜热链球菌计数 + 双歧杆菌计数）。

2. 检测程序

乳酸菌检测程序如图 5—4—1 所示。

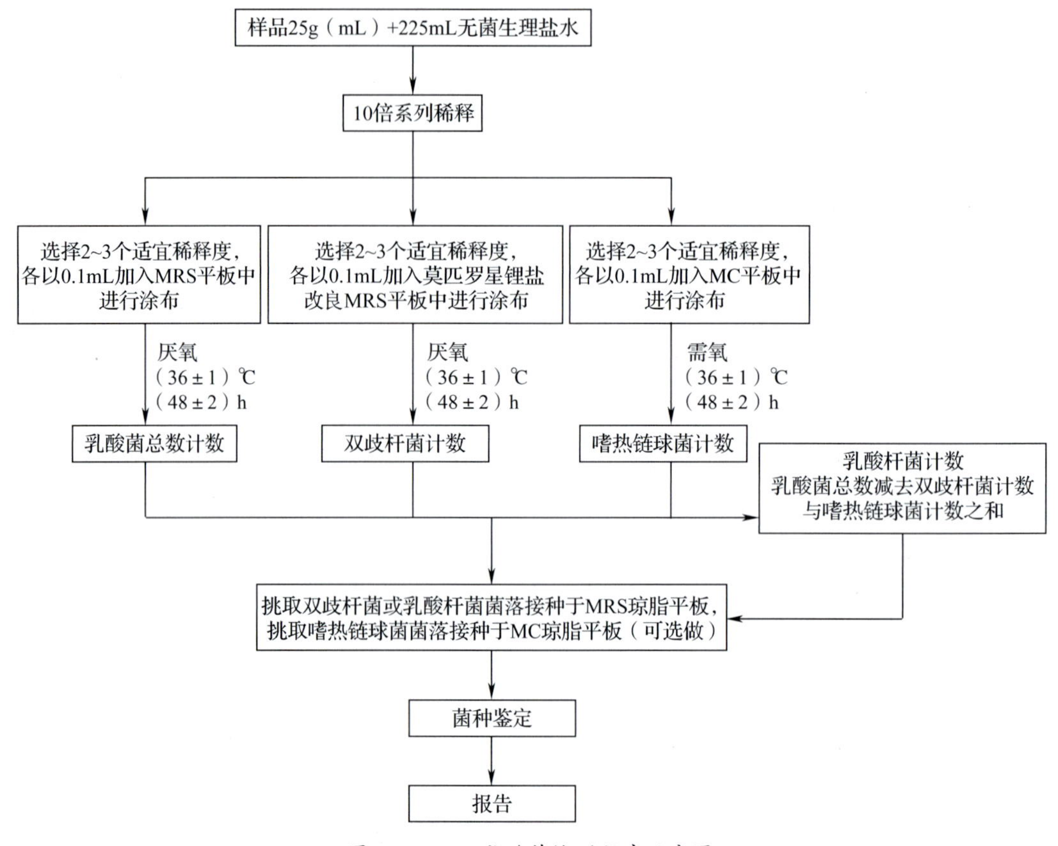

图 5—4—1 乳酸菌检测程序示意图

3. 平板表面涂布法

用涂抹棒将待检样品均匀地涂布在固体培养基平板的表面，涂抹棒一般为玻璃或不锈钢材质，顶端折成 L 形或三角形。该法用于菌落计数，可分为加样、涂布、培养和计数四个部分。涂布时应从中间以同一个方向打圈方式往周边涂布，可以重复涂布。从高稀释度往低稀释度涂布时可以不用更换涂抹棒，也不用灼烧涂抹棒，涂布同一个稀释度的不同平板时也不用灼烧涂抹棒。但是从低稀释度往高稀释度涂布时，如不更换涂抹棒，一定要灼烧涂抹棒，原则上不采用这个涂布顺序。

4. 乳酸菌的菌落形态

嗜热链球菌在 MC 培养基平板上的菌落形态为菌落中等偏小、边缘整齐光滑的红色菌落，直径为（2±1）mm，菌落背面为粉红色，如图 5—4—2 所示。乳酸菌在 MRS 培养基平板上的菌落形态如图 5—4—3 所示。

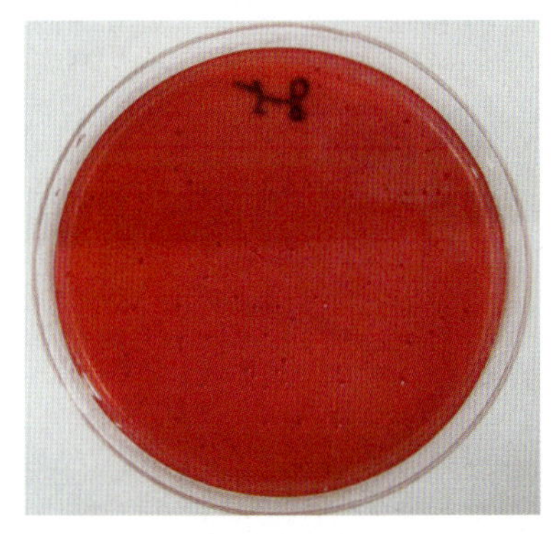

图 5—4—2　MC 培养基平板——嗜热链球菌

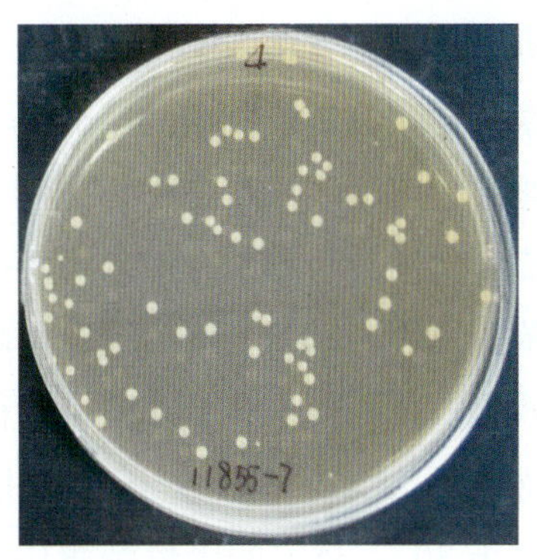

图 5—4—3　MRS 培养基平板——乳酸菌

5. 乳酸菌的鉴定

乳酸菌的鉴定可根据需要进行选择。挑取乳酸菌的纯菌落，通过涂片镜检和生化反应进行鉴定，详细内容参照 GB 4789.35—2010，双歧杆菌的鉴定按 GB 4789.34—2012 的规定操作。

三、乳酸菌在食品工业中的应用

20 世纪初，俄国著名的生物学家梅契尼柯夫（Mechnikoff，1845—1916）在他获得诺贝尔奖的“长寿学说”里指出，保加利亚巴尔干半岛地区居民经常饮用的酸奶中含有大量的乳酸菌，这些乳酸菌能够定植在人体内，有效地抑制有害菌的生长，减少由于肠道内有害菌产生的毒素对整个机体的毒害，这是保加利亚巴尔干半岛地区居民长寿的重要原因。

常用于制作酸奶的乳酸菌包括保加利亚乳杆菌、嗜热链球菌、双歧杆菌等，且含量一般比较高，可达到 10^8 左右。乳酸菌除用于制作酸奶外，还可用于制作乳酪、啤酒、葡萄酒、泡菜、腌渍食品和其他发酵食品。经发酵的乳酸菌奶酪蛋白及乳脂被转化为短肽、氨基酸和低分子的游离脂类等更易被人体吸收的小分子，奶中丰富的乳糖已被分解成乳酸，乳酸与钙结合形成乳酸钙，极易被人体吸收，也可被乳糖不耐症人群选用。

四、乳酸菌快速检验方法

乳酸菌快速检验方法一般采用测试片法，可选用 3M Petrifilm™ 细菌总数测试片（用于乳酸菌检测）等产品，如图 5—4—4 所示。

3M Petrifilm™ 测试片法是一种用于乳酸菌计数的可再生水化物的干膜，由上、下两层薄膜组成，下层的聚乙烯薄膜上印有网格且覆盖有乳酸菌生长所需的培养基，上层是聚丙烯薄膜。该测试片是一种预先制备好的培养基系统，含标准培养基、冷水可溶凝胶剂和氯化三苯四氮唑（TTC）指示剂，可增强菌落计数的效果。使用时只需接种 1 mL 待测样品的稀释液在下层培养基上，盖上上层薄膜，压平后置于 30 ～ 35℃的厌氧装置中培养（48 ± 2）h，即可计数。

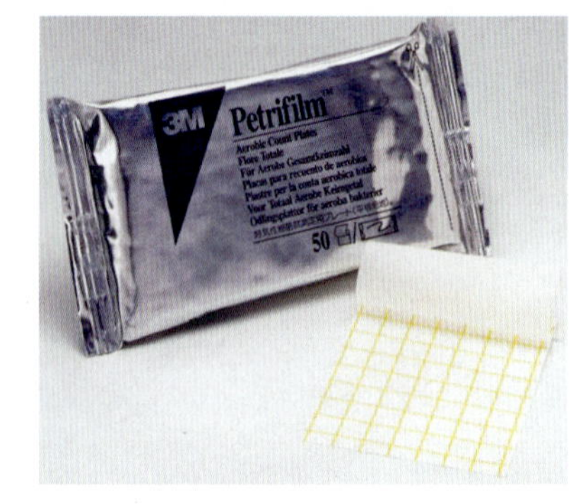

图 5—4—4　3M Petrifilm™ 细菌总数测试片

【任务实施】

一、准备工作

1. 设备与材料

配图	名称及规格	
厌氧盒和厌氧产气袋	仪器与设备	（1）恒温培养箱：（36 ± 1）℃ （2）冰箱：2 ～ 5℃ （3）天平：感量为 0.1 g （4）均质器和均质袋 （5）厌氧培养装置：厌氧罐 / 盒、厌氧产气袋、氧气指示剂，也可用厌氧培养箱等
L 形涂抹棒	材料	（1）待检样品 （2）无菌吸管：1 mL（具有 0.01 mL 刻度）、10 mL（具有 0.1 mL 刻度）或微量移液器及吸头 （3）无菌锥形瓶：容量 100 mL、500 mL （4）无菌培养皿：直径 90 mm （5）无菌试管：18 mm × 180 mm、15 mm × 100 mm （6）涂抹棒（见左图）

2. 培养基与试剂

配图	名称及规格	
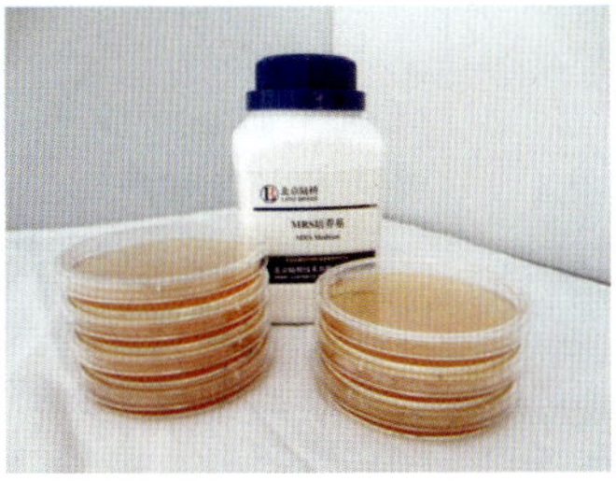	培养基	MRS（Man Rogosa Sharpe）培养基 图片说明：图中塑料瓶为 MRS 干粉培养基，一次性平板是 MRS 培养基平板
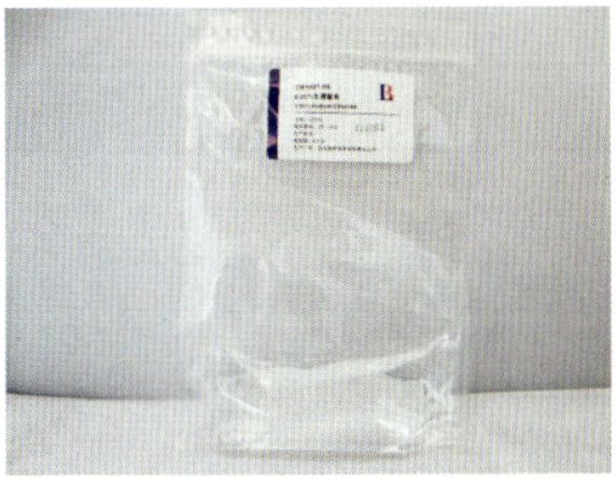	试剂	无菌生理盐水（0.9%）

二、操作步骤

1. 样品预处理

配图	操作方法	操作说明
	（1）以无菌操作，称取 25 g 样品置于装有 225 mL 生理盐水的无菌均质杯内，或置于 225 mL 生理盐水的无菌均质袋中	以 8 000 ～ 10 000 r/min 的速度均质 1 ～ 2 min

续表

配图	操作方法	操作说明
	（2）用拍击式均质器拍打 1 ～ 2 min，制成 1:10 的样品匀液	1）拍打前一定要将均质袋中的空气排净，避免影响拍打效果 2）拍打前要将均质袋放置在均质器较为中央的部位，保证拍打均匀

2. 10 倍稀释液的制备

配图	操作方法	操作说明
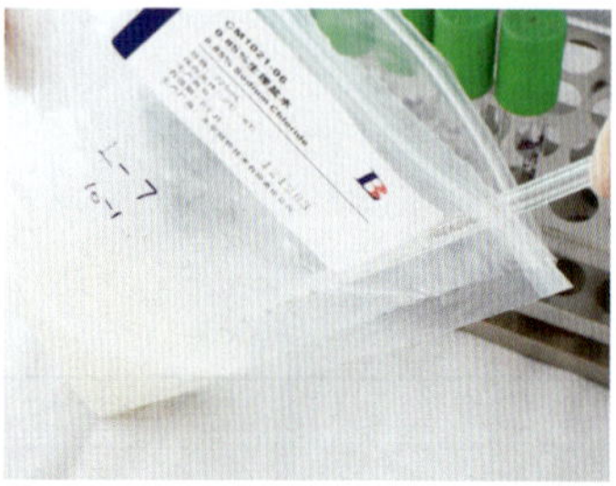	（1）用 1 mL 无菌吸管或微量移液器吸取 1:10 样品匀液 1 mL，沿管壁缓慢注入装有 9 mL 生理盐水的无菌试管中	吸管或吸头尖端不要触及稀释液
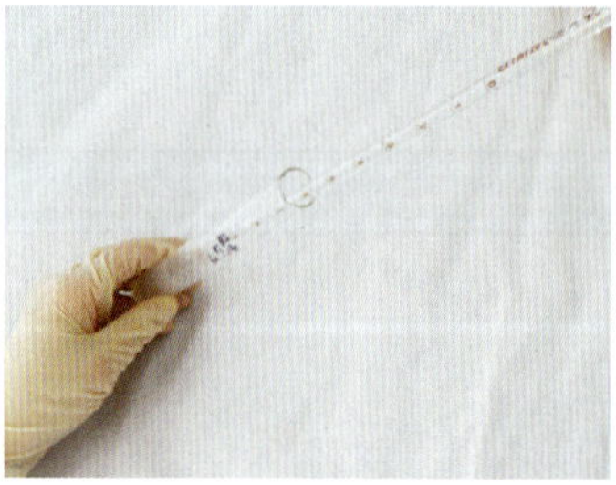	（2）振摇试管或换用一支无菌吸管反复吹吸使其混合均匀，制成 1:100 的样品匀液	1）每递增稀释一次，换用一支 1 mL 无菌吸管或吸头 2）更换吸管，避免干扰检测数据
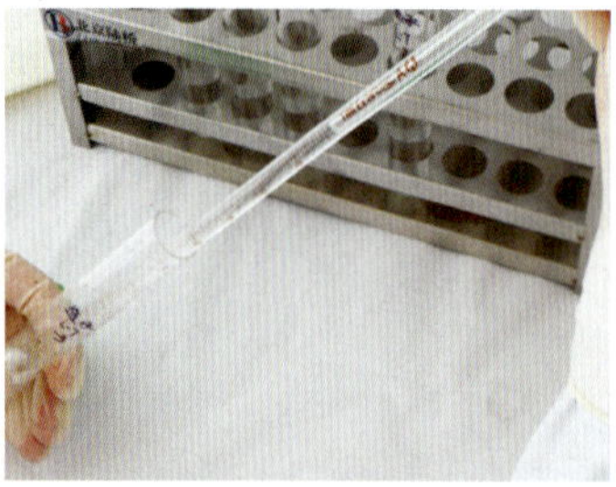	（3）按上述操作程序，以此类推，连续稀释，制备 10 倍系列稀释样品匀液（例如 10^{-3} ～ 10^{-9} 倍稀释液）	

3. 样品接种

配图	操作方法	操作说明
	（1）根据待检样品活菌总数的估计，选择2～3个连续的适宜稀释度，每个稀释度吸取0.1 mL样品匀液，分别置于两个MRS琼脂平板上	从样品稀释到平板涂布要求在15 min内完成
	（2）用涂抹棒进行表面涂布	尽量不要将样品匀液涂布到MRS琼脂平板的边缘
	（3）取一块MRS琼脂平板做培养基的空白对照	MRS琼脂空白平板要与样品一起培养

4. 培养

配图	操作方法	操作说明
	将MRS琼脂平板倒置于厌氧罐中，然后整体放入（36±1）℃的培养箱中培养（48±2）h	厌氧罐中放入MRS琼脂平板后，将厌氧产气袋和氧气指示剂放入，立刻盖上盖子

5. 菌落计数

配图	操作方法	操作说明
	同菌落总数测定	用肉眼、放大镜或菌落计数器进行计数

三、乳酸菌计数与报告

详见本项目任务 1 菌落总数测定。

四、乳酸菌检测的原始记录与报告（见表 5—4—1）

表 5—4—1　　乳酸菌检测原始数据记录表

检验依据：　　　　检验时间：　　　　检验员：

样品编号		MRS 琼脂 厌氧　℃　h （乳酸菌总数）			改良 MRS 厌氧　℃　h （双歧杆菌计数）			MC 琼脂 需氧　℃　h （嗜热链球菌计数）			乳酸杆菌计数
	稀释倍数	10	10	10	10	10	10	10	10	10	
	0.1 mL 涂布										
	结果										
	稀释倍数	10	10	10	10	10	10	10	10	10	
	0.1 mL 涂布										
	结果										
空白（培养基）											
空白（稀释液）											

报告说明：

（1）原始数据记录表中包括乳酸菌总数、嗜热链球菌计数、双歧杆菌计数和乳酸杆菌计数，可以根据需要进行选择填写，不需要填写的空格可以用“／”表示。

（2）按实际操作填写稀释倍数，如 10^{-1}、10^{-2}、10^{-3}。

（3）其余同菌落总数测定。

【技能拓展】

益生菌粉中乳酸菌的快速检验（纸片法）

一、样品处理

操作步骤见乳酸菌检测。

二、接种

根据样品中乳酸菌总数含量的估计，选择 2 ~ 3 个连续的适宜稀释度进行检验。将细菌总数测试片置于平坦的实验台面，揭开上层透明膜，用无菌吸管或移液器吸取 1 mL MRS 和样品匀液（制备方法：取 5 mL 样品稀释液至无菌试管中，再吸取 5 mL 两倍浓度的 MRS 肉汤至该试管中，摇匀即可），垂直滴加在测试片的中央处。将上层膜盖下，并将压板（凹面向下）放在上层膜中央处，轻轻地压下，使样液均匀地覆盖于圆形培养面上，切勿扭转压板。拿起压板，静置至少 1 min 以使培养基完全凝固。每个稀释度接种两片，同时做一片空白对照。

三、培养

将测试片的透明面朝上置于厌氧培养设备内，堆叠片数不超过 20 片，30 ~ 35℃厌氧培养（48 ± 3）h。

四、结果报告

用肉眼、放大镜或菌落计数器计数红色菌落数。图 5—4—5 所示为益生菌粉的 10^{-6} 稀释液在测试片上的原始结果，报告益生菌粉中乳酸菌总数为 1.1×10^{8} CFU/g。

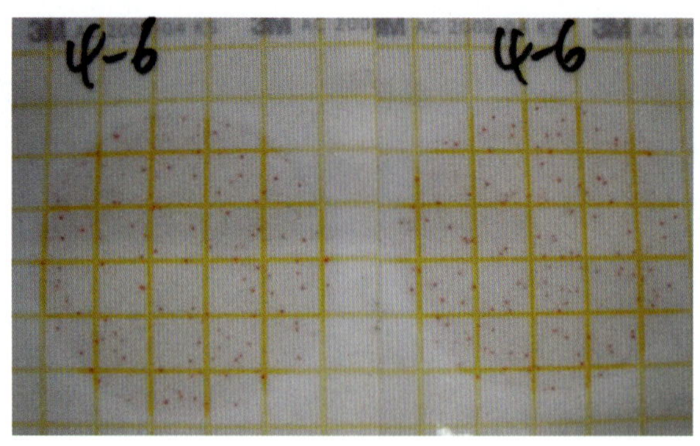

图 5—4—5　益生菌粉在测试片上的原始结果

【考核评价】

考核点	考核标准	配分	得分
检测前的准备	仪器准备齐全，并摆放整齐	15	
	MRS 琼脂平板配制正确		
	生理盐水准备正确		
样品预处理	对包装开口处的周围进行消毒	20	
	样品称取质量准确		
	样品拍打充分		
	无菌操作正确		
10 倍稀释液的制备	吸取样品匀液动作规范	20	
	振摇试管操作正确		
	随着稀释倍数的改变更换吸量管		
	制备过程在无菌条件下进行		
样品接种	操作过程中双手配合协调	15	
	加样操作规范		
	平板表面涂布操作规范		
培养	平板标注全面、清晰	20	
	培养前平板倒置于厌氧罐中		
	厌氧罐操作规范		
	正确设定培养温度和时间		
菌落计数	选择适宜稀释度的平板进行计数	10	
	正确对菌落进行计数		
合计		100	

【思考与练习】

1. 简述乳酸菌的定义和分类。
2. 简述嗜热链球菌计数、双歧杆菌计数、乳酸杆菌计数和乳酸菌总数之间的关系。
3. 乳酸菌是需氧培养吗？需要怎样适宜的环境？
4. 平板表面涂布有哪些注意事项？
5. 简述乳酸菌总数的测定方法。
6. 实训题：酸奶中乳酸菌的检测。

任务5　食品中金黄色葡萄球菌的检验

【学习目标】

1. 了解金黄色葡萄球菌的致病性及致病菌的分离和鉴定。
2. 掌握金黄色葡萄球菌的生物学特性和快速检验方法。
3. 能遵循生物安全操作规范完成食品中金黄色葡萄球菌检验的相关操作。
4. 能正确判定血浆凝固酶实验的结果并报告。

【任务引入】

2011年年底，速冻水饺行业几大巨头先后因一种普通消费者不太熟悉的“金黄色葡萄球菌”而被卷入食品安全事件。“思念”“三全”“湾仔码头”等品牌的速冻水饺先后被北京、广州、南京、上海等工商、质监部门通报，问题产品都是检出金黄色葡萄球菌及菌落总数超标。至此，国内速冻食品市场上的三大著名品牌全部陷入“细菌门”。各超市要求厂家出具相关部门检测报告，才可正常销售，由此可见金黄色葡萄球菌检测的重要性。本任务将以生鸡蛋为例，完成生鸡蛋的金黄色葡萄球菌的检验。

【任务分析】

金黄色葡萄球菌是常见的致病菌，广泛存在于自然界中，如土壤、空气、水及人和动物的皮肤、鼻腔、咽喉等处，因而食品受其污染的机会很多。金黄色葡萄球菌一般通过以下途径污染食品：食品在加工前本身带菌，如金黄色葡萄球菌感染母畜发生乳腺炎导致乳制品污染；在加工过程中受到污染；包装、储存和运输过程中受到二次污染等。金黄色葡萄球菌作为一种重要的病原菌和食源性致病菌，在食品检验中受到很大的关注。金黄色葡萄球菌的检验方法有中华人民共和国国家标准（GB）、出入境检验检疫行业标准（SN）、ISO 标准方法、AOAC 官方方法等，其中《食品安全国家标准　食品微生物学检验　金黄色葡萄球菌检验》（GB 4789.10—2010）在国内应用最为广泛。

【相关知识】

一、致病菌

1. 致病菌简介

能引起疾病的微生物称为病原微生物或致病菌。病原微生物包括细菌、病毒、螺旋体、立克次氏体、衣原体、支原体、真菌及放线菌等。一般所说的致病菌是指病原微生物中的细菌。虽然很多细菌是无害甚至有益的，但是相当大一部分可以致病。条件致病菌只在特定条件下致病，如有伤口或者免疫力降低时可以允许细菌进入血液。例如，金黄色葡萄球菌和链球菌也是正常菌群，常可以存在于体表皮肤、鼻腔而不引起疾病，但可以潜在引起皮肤感染和肺炎等。

2. 致病菌的检验

食品中常见的致病菌包括金黄色葡萄球菌、沙门氏菌、志贺氏菌和单增李斯特氏菌等。采用传统方法检测致病菌大多数为定性法，一般包括增菌、分离纯化、鉴定和报告四个步骤。

（1）增菌。增菌是使目标菌得到快速增殖，而使非目标菌的生长受到一定程度的抑制。金黄色葡萄球菌和志贺氏菌采用一步增菌，沙门氏菌和单增李斯特氏菌采用二步增菌。鉴定一般采用革兰氏染色、生化实验或血清学实验等，根据鉴定结果进行报告。例如，沙门氏菌先用缓冲蛋白胨水（BPW）进行前增菌，然后同时转接四硫磺酸钠煌绿（TTB）增菌液和亚硒酸盐胱氨酸（SC）增菌液进行选择性增菌。培养后将 TTB 和 SC 肉汤培养物分别划线接种亚硫酸铋琼脂（BS）和沙门氏菌显色培养基等，根据平板菌落形态选择可疑菌落进行尿素酶、赖氨酸脱羧酶等生化实验，生化结果符合后进行血清学鉴定，最后报告结果。

（2）分离纯化。分离纯化是将增菌培养物划线接种选择性分离培养基平板，通过平板上的菌落形态进行筛选，如有典型菌落或可疑菌落需要纯化后进行鉴定。一般样品中的微生物种类比较多，经常混杂在一起，要想把它们区分开来，必须通过特殊的分离方法。一般是根据目标菌选择有筛选作用的培养基，在平板上划线分离或涂抹分离，获得单菌落后，进行菌株的鉴定。

划线接种方法是微生物分离和纯化常用的接种方法，可获得单个菌落。在致病菌的检测过程中，用接种环蘸取增菌培养物，在选择性分离培养基平板上进行划线，使微生物细胞能分散在培养基的表面，并使接种物在培养基的单位面积内从多量逐渐过渡到少量，最终得到单个菌落。划线接种常采用三区划线或者四区划线，如图5—5—1和图5—5—2所示，其中图5—5—2所示为鼠伤寒沙门氏菌ATCC13311和大肠埃希氏菌ATCC25922的混合菌液分区划线接种XLD琼脂平板，前者为黑色菌落，后者为黄色菌落。根据样品的污染程度，考虑接种环在分区接种前是否需要进行灼烧灭菌。

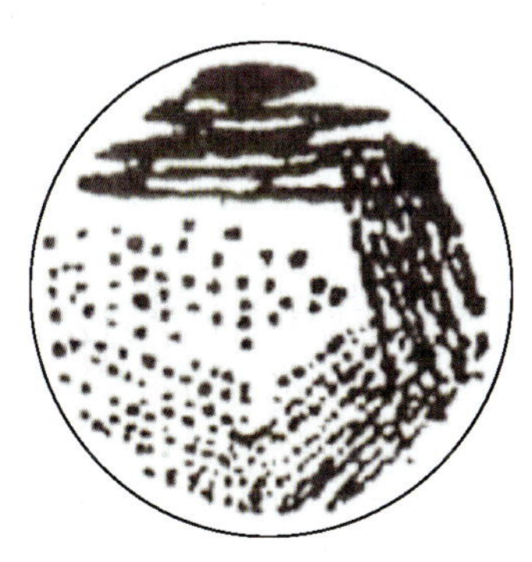

图5—5—1　分区划线接种法

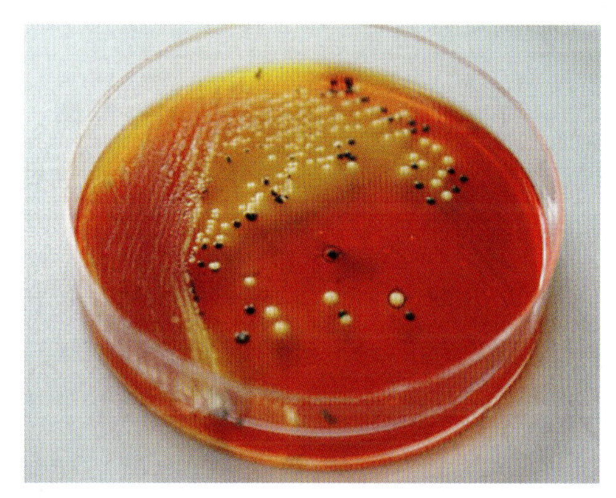

图5—5—2　混合菌株划线接种XLD琼脂平板

接种环可以采用金属合金（如镍铬合金）制成，也可以用一次性塑料接种环。金属合金接种环可以重复使用，接种的时候，在火焰上灼烧接种器械的整个金属部分，应达到红热的程度。接触接种物前，应确定接种器械已经冷却。一次性塑料接种环不能重复使用，如需进行灼烧灭菌时，需要更换一次性塑料接种环。一次性塑料接种环需要进行高压灭菌处理后方可丢弃。

3. 致病菌的安全操作

为了保证实验室工作人员不受致病菌的感染，也保证环境不受其污染，食品微生物实验室必须配备足量的生物安全柜、个人防护装备等一级防护物品。致病菌的操作必须在生物安全柜中进行，生物安全柜用来保护实验人员、实验室环境以及检验样品，使其避免接触操作过程中可能产生的感染性气溶胶和溅出物。操作时实验人员必须穿工作服、戴手套，并选择安全眼镜或面罩。致病菌检验的废弃物应按相关规定先处理后清洗或丢弃，如进行 121℃高压蒸汽灭菌 30 min 处理等。

二、金黄色葡萄球菌

1. 金黄色葡萄球菌的致病性

金黄色葡萄球菌是人类化脓感染中最常见的病原菌，可引起局部化脓感染，也可引起肺炎、脑膜炎等内脏器官感染，甚至败血症、脓毒症等全身感染。该菌能产生肠毒素，进食受污染的食物后，肠毒素作用于肠壁，刺激呕吐中枢，并出现急性胃肠炎症状。金黄色葡萄球菌的致病性与其产生的毒素和酶有关，包括溶血毒素、血浆凝固酶、脱氧核糖核酸酶和肠毒素等。血浆凝固酶与金黄色葡萄球菌的毒力密切相关，是金黄色葡萄球菌检验中的重要生化实验。

2. 金黄色葡萄球菌的生物学特性

金黄色葡萄球菌为革兰氏阳性球菌，直径为 0.5 ~ 1.0 μm，无芽孢，无鞭毛，大多数无荚膜。在固体培养基上的形态一般呈葡萄状，在液体培养基中可呈单个、成对或短链状排列。

金黄色葡萄球菌营养要求不高，在普通培养基上生长良好，需氧或兼性厌氧，最适生长温度为 37℃，最适生长 pH 值为 7.4。该菌的耐盐性比较强，可在 10% 的氯化钠肉汤中生长。大多数菌株产生类胡萝卜素，使细胞团呈现出深橙色到浅黄色，色素的产生取决于生长的条件，而且在单个菌株中可能也有变化。该菌的血浆凝固酶实验为阳性，在血琼脂平板上产生 β 溶血环。

3. 金黄色葡萄球菌的检验

食品中金黄色葡萄球菌的检验方法可分为传统方法和快速方法两种。传统方法包括定性检验法、MPN 法和平板计数法，其中 MPN 法和平板计数法是定量检验方法，MPN 法适用于金黄色葡萄球菌含量较低而杂菌含量较高的食品中金黄色葡萄球菌的计数，而平板计数法适用于金黄色葡萄球菌含量较高的食品中金黄色葡萄球菌的计数。本部分重点介绍定性检验法。

（1）基本原理。金黄色葡萄球菌定性检验法是先采用 7.5% 的氯化钠肉汤或 10% 的氯化钠胰酪胨大豆肉汤进行选择性增菌，使样品中的金黄色葡萄球菌得到增殖，而其他非目标菌受到一定程度的抑制。然后用 Baird-Parker 琼脂平板和血琼脂平板进行分离，将可疑菌落通过革兰氏染色镜检和血浆凝固酶实验进行确认，最后报告 25 g（mL）样品中检出或未检出金黄色葡萄球菌。

（2）检验程序。金黄色葡萄球菌定性检验程序如图 5—5—3 所示。

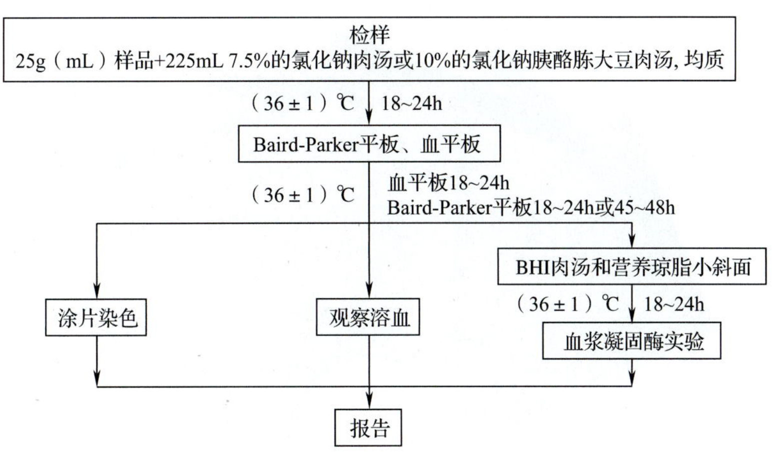

图 5—5—3　金黄色葡萄球菌定性检验程序示意图

（3）可疑菌落的判定。正确判定 Baird-Parker 琼脂平板上的菌落是否为可疑菌落是金黄色葡萄球菌检验过程中的难点之一。金黄色葡萄球菌在 Baird-Parker 琼脂平板上的典型菌落形态是灰色至黑色菌落，周围为一混浊带，在其外层有一透明圈，如图 5—5—4 所示。典型菌落形态与 Baird-Parker 琼脂平板中亚碲酸钾卵黄增菌液密切相关。金黄色葡萄球菌代谢产生的卵磷脂酶和脂肪酶能分解卵黄，使得菌落周围形成一个混浊带和透明圈，同时能将亚碲酸钾还原为金属碲而使菌落颜色呈灰色至黑色。

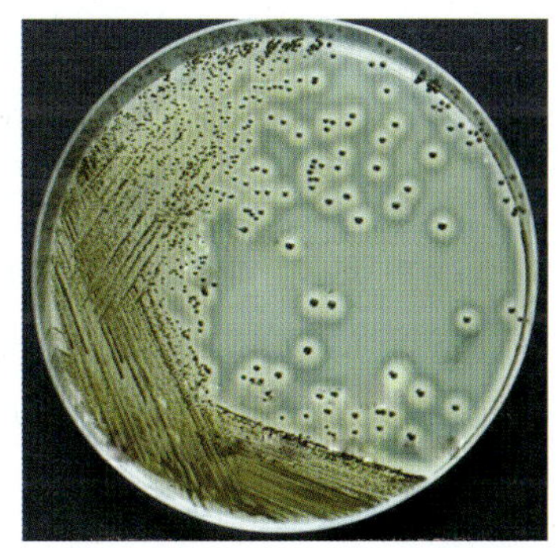

图 5—5—4　金黄色葡萄球菌在 Baird-Parker 琼脂平板上的典型菌落形态

4. 金黄色葡萄球菌的快速检验方法

快速检验方法包括测试片法、乳胶凝集实验和 DNA 分子探针技术等，其中测试片法使用比较广泛，可以采用 Easy Test™ 微生物测试片或者 3M Petrifilm ™ 测试片。

（1）测试片法。Easy Test™ 快速测试片（见图 5—5—5）是一种将脱水培养基附着于无纺布棉垫上的快速检测技术。根据金黄色葡萄球菌特有的酶与培养基中的底物进行特异性结合，从而使生长的菌落中心呈黑色，周围有蓝绿色的晕圈。计算具有上述特征的菌落即为金黄色葡萄球菌菌落。如果需要进一步鉴定，可掀起覆盖薄膜，用接种针将无纺布棉垫上的可疑菌落挑出进行纯培养，挑取纯化后的单菌落进行后期生化确认实验。使用时掀开上层透明膜，把 1 mL 待测液加于纤维垫上，待样液完全吸收，缓缓将透明膜盖回，于（36±1）℃的培养箱中培养 24 ~ 30 h，即可计数和做确认实验。

图 5—5—5　Easy Test^{TM} 快速测试片

（2）乳胶凝集实验。乳胶凝集实验是一种免疫学方法，在金黄色葡萄球菌的检验中，既可以作为初筛，也是确认方法之一。这类产品很多，如法国生物梅里埃公司的 Slidex Staph-kit（见图 5—5—6）等。用接种环挑取 Baird-Parker 琼脂平板上的典型菌落或可疑菌落，划线接种用胰酪胨大豆琼脂（TSA）。培养后将纯菌落涂在反应卡上，与聚苯乙烯乳胶颗粒混合，乳胶颗粒上包被有抗蛋白 A、IgG、与蛋白 A 及凝固酶结合的纤维原。在 1 min 内观察结果，如果金黄色葡萄球菌存在，则发生凝集反应。

（3）DNA 分子探针技术。利用杂交保护分析技术（HPA）进行杂交，可用于食品中金黄色葡萄球菌检验和鉴定。待测菌的细胞经溶解，释放出目标 rRAN，目标 rRAN 在 60℃与标记物探针杂交，形成有标记物的杂种 DNA，在选择性试剂的作用下，游离探针的化学发光标记物溶解，杂种 DNA 的化学发光标记物受到保护。加入检测试剂，化学发光分子被氧化、水解发出强光。用 Leader 发光仪（见图 5—5—7）检测光强度。

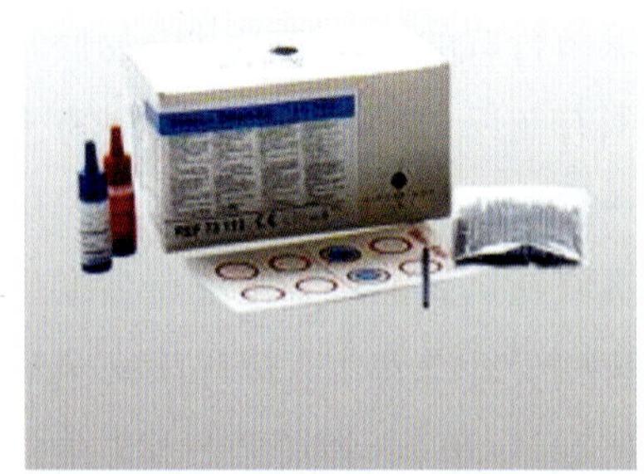

图 5—5—6　Slidex Staph-kit

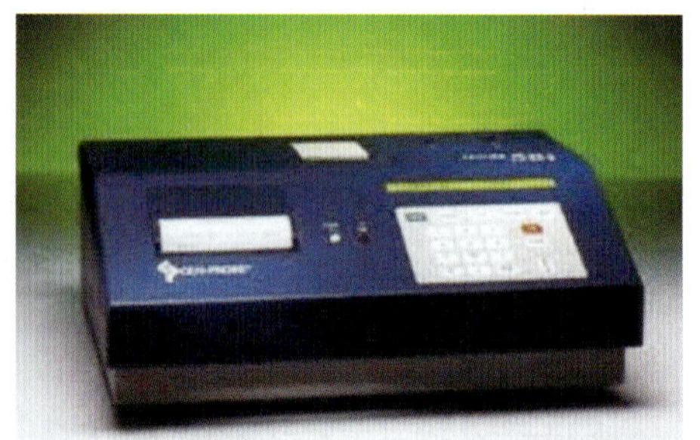

图 5—5—7　Leader 50i 基因探针化学发光检测仪

【任务实施】

一、准备工作

1. 设备与材料

配图	名称及规格	
	仪器与设备	（1）恒温培养箱：（36±1）℃ （2）冰箱：2～5℃ （3）恒温水浴箱：36～65℃ （4）天平：感量为 0.1 g （5）均质器和均质袋（见左图） （6）振荡器
	材料	（1）待检样品 （2）无菌吸管：1 mL（具有 0.01 mL 刻度）、10 mL（具有 0.1 mL 刻度）或微量移液器及吸头 （3）无菌锥形瓶：容量 100 mL、500 mL （4）无菌培养皿：直径 90 mm （5）无菌试管：15 mm×150 mm （6）pH 计或 pH 比色管或精密 pH 试纸 （7）接种环（左图所示为一次性接种环）

2. 培养基与试剂

配图	名称及规格	
	培养基	（1）10% 的氯化钠胰酪胨大豆肉汤 （2）7.5% 的氯化钠肉汤 （3）血琼脂平板 （4）Baird-Parker 琼脂平板（BP） （5）脑心浸出液肉汤（BHI） （6）营养琼脂小斜面 图片说明：图中后面为 7.5% 的氯化钠肉汤和 BP 琼脂的干粉培养基，中间为 7.5% 的氯化钠肉汤，前面为 BP 琼脂和血琼脂平板

续表

配图	名称及规格	
	试剂	（1）兔血浆 （2）革兰氏染色液 图片说明：图中左边为革兰氏染色液试剂盒，右边为冻干兔血浆

二、操作步骤

1. 样品预处理

配图	操作方法	操作说明
	（1）以无菌操作，称取 25 g 样品放入盛有 225 mL 7.5% 的氯化钠肉汤或 10% 的氯化钠胰酪胨大豆肉汤的无菌均质器内，或放入盛有 225 mL 稀释液的无菌均质袋中	以 8 000 ～ 10 000 r/min 的速度均质 1 ～ 2 min
	（2）用拍击式均质器拍打 1 ～ 2 min，制成样品匀液	1）拍打前一定要将均质袋中的空气排净，避免影响拍打效果 2）拍打前要将均质袋放置在均质器较为中央的部位，保证拍打均匀

2. 增菌

配图	操作方法	操作说明
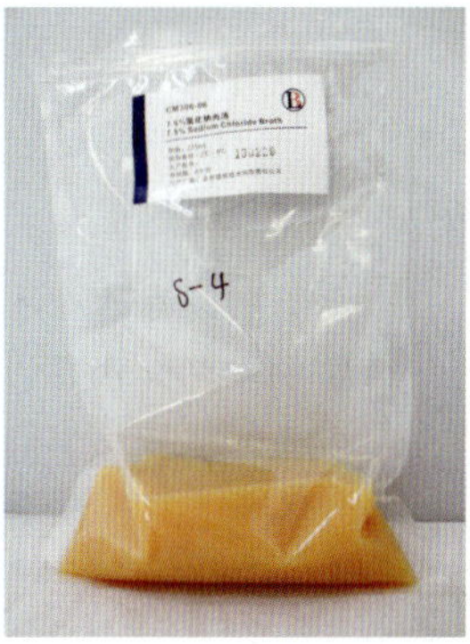	将上述样品匀液于（36±1）℃培养18～24 h，金黄色葡萄球菌在7.5%的氯化钠肉汤中呈混浊生长，污染严重时在10%的氯化钠胰酪胨大豆肉汤中呈混浊生长	7.5%的氯化钠肉汤或10%的氯化钠胰酪胨大豆肉汤培养后的状态与样品的种类、污染情况等有关

3. 分离

配图	操作方法	操作说明
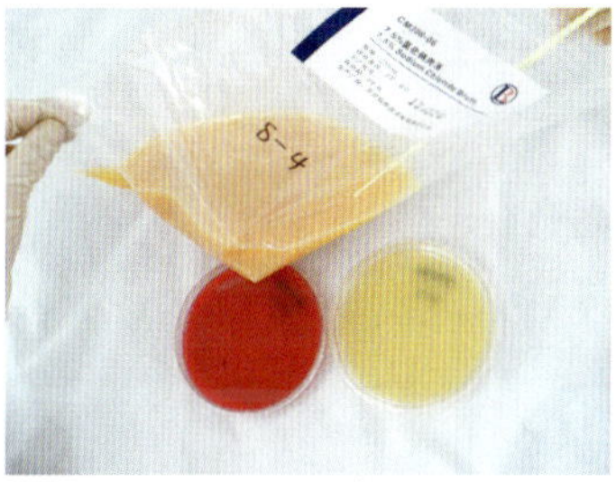	（1）将上述培养物分别划线接种到血琼脂平板和Baird-Parker琼脂平板上	接种前需将肉汤培养物充分摇匀
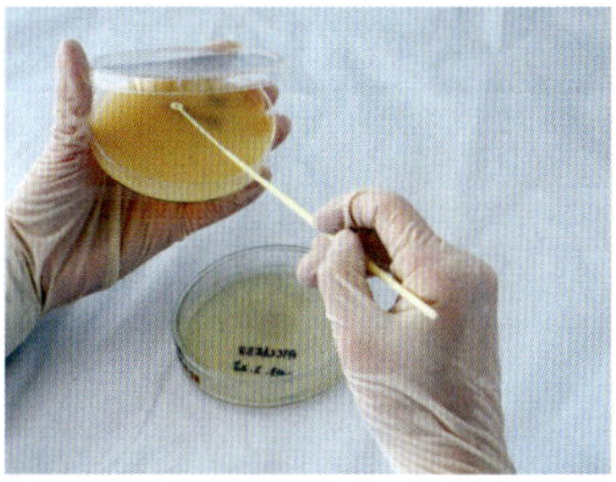	（2）同时接种金黄色葡萄球菌和表皮葡萄球菌的标准菌株做阳性对照和阴性对照	用接种环挑取金黄色葡萄球菌ATCC6538和表皮葡萄球菌ATCC12228的纯菌落划线接种
	（3）血琼脂平板于（36±1）℃培养18～24 h，Baird-Parker琼脂平板于（36±1）℃培养18～24 h或45～48 h	Baird-Parker琼脂平板培养18～24 h后，如平板上无可疑菌落，需要继续培养至45～48 h

续表

配图	操作方法	操作说明
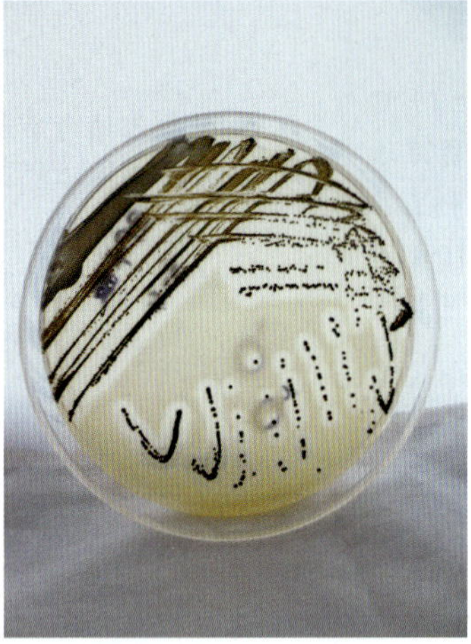	（4）金黄色葡萄球菌在Baird-Parker琼脂平板上菌落直径为2～3 mm，颜色呈灰色到黑色，边缘为淡色，周围为一混浊带，在其外层有一透明圈。用接种环接触菌落有似奶油至树胶样的硬度，偶然会遇到非脂肪溶解的类似菌落，但无混浊带和透明圈	长期保存的冷冻或干燥食品中所分离的菌落比典型菌落产生的黑色要淡些，外观可能粗糙并干燥
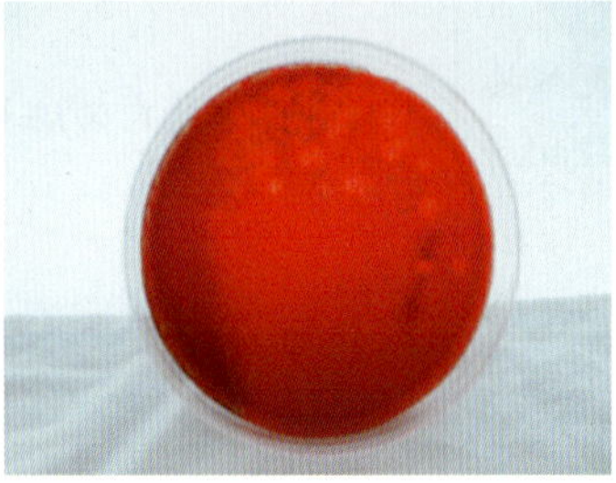	（5）金黄色葡萄球菌在血琼脂平板上形成的菌落较大，呈圆形，光滑凸起、湿润、金黄色，菌落周围可见完全的溶血圈	金黄色葡萄球菌在血琼脂平板上形成的菌落有时为白色

4. 鉴定

配图	操作方法	操作说明
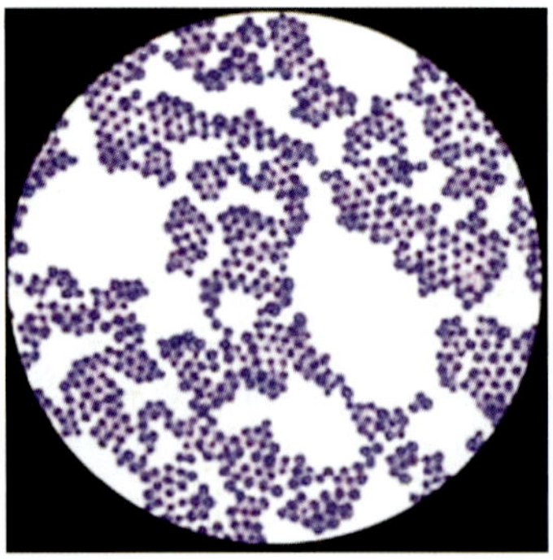	（1）染色镜检。用接种环挑取上述可疑菌落进行革兰氏染色，并在油镜下观察，金黄色葡萄球菌为革兰氏阳性球菌，排列呈葡萄状，无芽孢，无荚膜，直径为0.5～1 μm	血琼脂平板和Baird-Parker琼脂平板上的可疑菌落都需要进行染色镜检

续表

配图	操作方法	操作说明
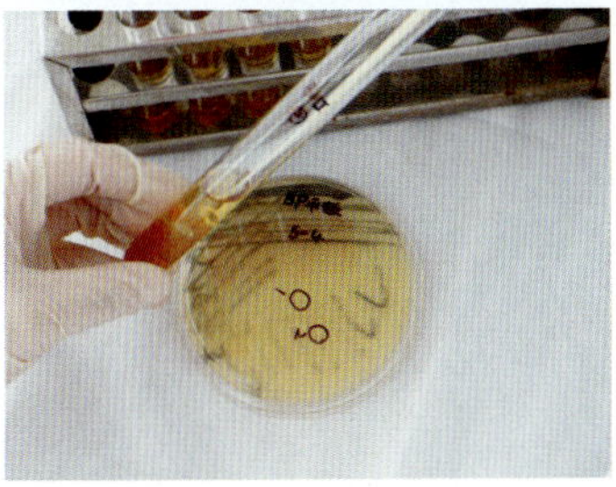	（2）血浆凝固酶实验 1）用接种环挑取 Baird-Parker 琼脂平板或血琼脂平板上可疑菌落 1 个或以上，分别接种到 5 mL BHI 和营养琼脂小斜面，（36±1）℃培养 18～24 h	接种环挑取可疑菌落后，在营养琼脂小斜面上划波浪线
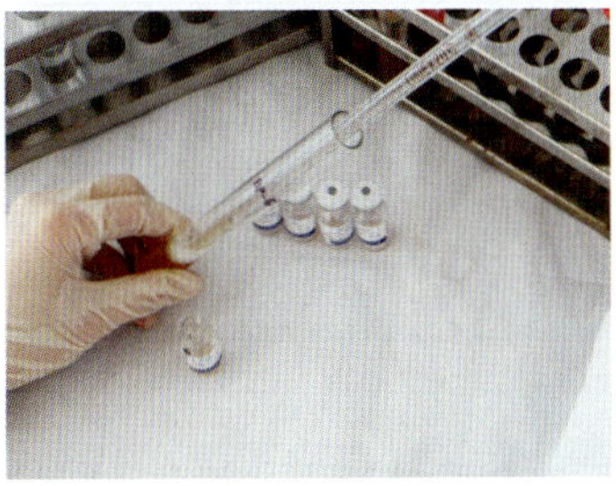	2）每支冻干兔血浆中加入 0.5 mL 灭菌生理盐水，振摇至完全溶解，再加入 BHI 培养物 0.2～0.3 mL，振荡均匀	因新鲜兔血浆制作比较麻烦，且保质期较短，一般采用冻干兔血浆替代
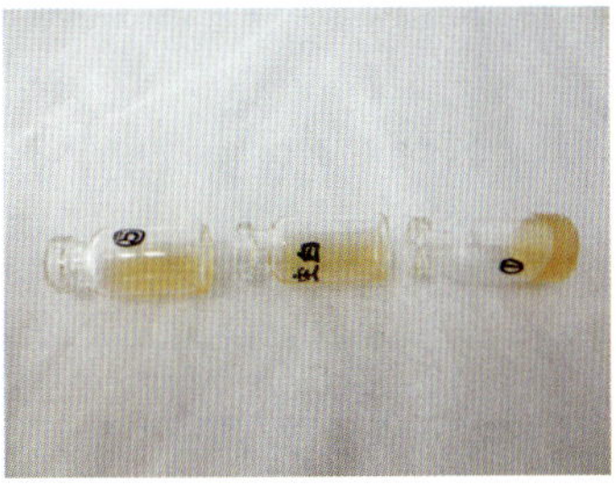	3）置（36±1）℃的培养箱或水浴箱内，每 0.5 h 观察一次，观察 6 h，如呈现凝集或凝固体积大于原体积的一半，判定为阳性结果，否则为阴性	将试管倾斜或倒置时，呈现凝块，甚至不流动为阳性
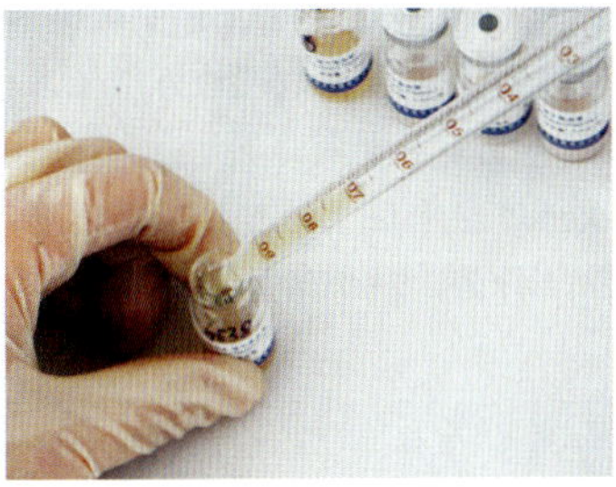	4）同时以已知血浆凝固酶实验阳性和阴性葡萄球菌菌株的肉汤培养物做对照	用金黄色葡萄球菌 ATCC6538 和表皮葡萄球菌 ATCC12228 做血浆凝固酶实验阳性和阴性对照
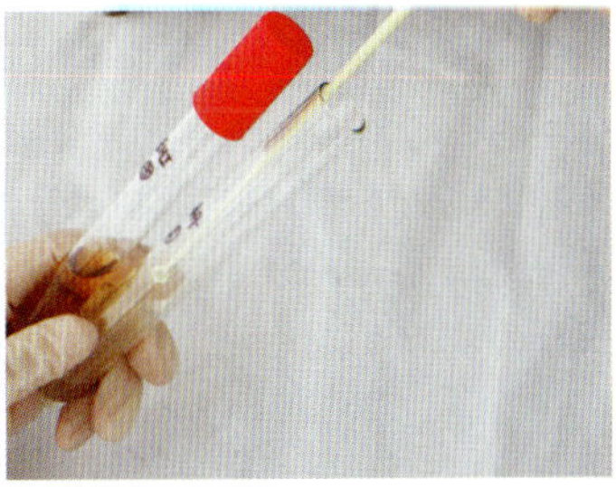	5）结果如可疑，挑取营养琼脂小斜面的菌落到 5 mL BHI 肉汤，（36±1）℃培养 18～48 h，重复凝固酶实验	BHI 肉汤一般培养 18～24 h 即可

5. 结果与报告

配图	操作方法	操作说明
	在 25 g（mL）样品中检出或未检出金黄色葡萄球菌	凝固酶阳性且染色镜检符合的可疑菌落，可判定为金黄色葡萄球菌阳性

三、金黄色葡萄球菌检测结果与报告

配图	不同情况结果与报告
	（1）血琼脂平板和 Baird-Parker 琼脂平板上均无菌生长或无可疑菌落，报告在 25 g（mL）样品中未检出金黄色葡萄球菌 图片说明：图中血琼脂平板上的菌落不溶血，属于无可疑菌落
	（2）血琼脂平板或 Baird-Parker 琼脂平板上有可疑菌落，染色镜检结果不符合，血浆凝固酶实验的结果均为阴性，报告在 25 g（mL）样品中未检出金黄色葡萄球菌 图片说明：对 Baird-Parker 琼脂平板上的可疑菌落进行革兰氏染色，结果为革兰氏阳性杆菌，镜检结果不符合
	（3）血琼脂平板或 Baird-Parker 琼脂平板上有可疑菌落，染色镜检结果符合，但血浆凝固酶实验的结果均为阴性，报告在 25 g（mL）样品中未检出金黄色葡萄球菌 图片说明：血浆凝固酶实验的结果为阴性

续表

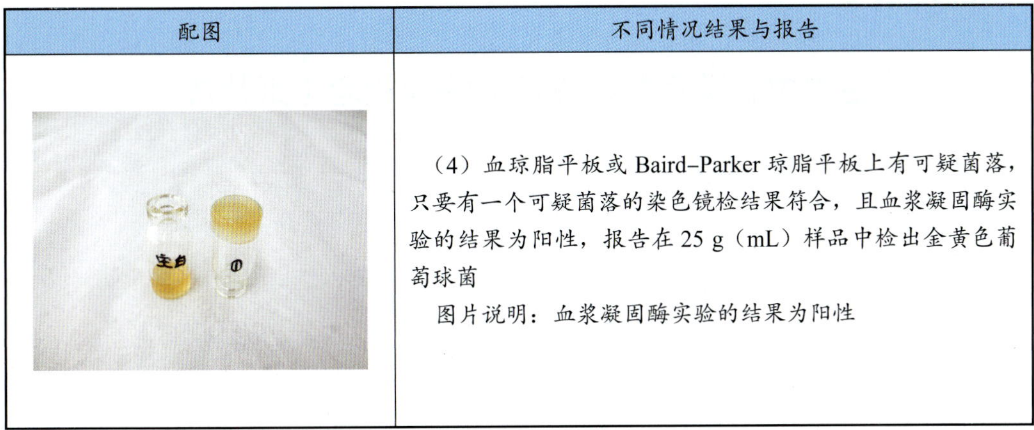

配图	不同情况结果与报告
（照片）	（4）血琼脂平板或 Baird-Parker 琼脂平板上有可疑菌落，只要有一个可疑菌落的染色镜检结果符合，且血浆凝固酶实验的结果为阳性，报告在 25 g（mL）样品中检出金黄色葡萄球菌 图片说明：血浆凝固酶实验的结果为阳性

四、金黄色葡萄球菌检测的原始记录与报告（见表 5—5—1）

表 5—5—1　　　　金黄色葡萄球菌检测原始数据记录表

检验依据：　　　　　　　　检验时间：　　　　　　　　检验员：

检验步骤		样品编号	空白对照	阳性对照	阴性对照
增菌	10% 的氯化钠胰酪胨大豆肉汤 ℃　h				
	7.5% 的氯化钠肉汤 ℃　h				
分离	Baird-Parker 琼脂平板 ℃　h				
	血琼脂平板 ℃　h				
鉴定	染色镜检				
	血浆凝固酶实验 ℃　h				
结果					

报告说明：

（1）原始数据记录表“℃　h”需填写具体的培养温度和时间，增菌中两种培养基二选一，用“√”表示，不需要填写的空格可以用“／”表示。

（2）称重取样以 25 g 为单位报告，体积取样以 25 mL 为单位报告。

【技能拓展】

生肉中金黄色葡萄球菌的快速检验（纸片法）

一、样品处理

操作步骤见金黄色葡萄球菌检测。

二、接种

一般食品选 2 ~ 3 个稀释度进行检测，含菌量少的液体样品（如饮用水和果汁等）可直接吸取原液进行检测。将金黄色葡萄球菌测试片（ET003）置于平坦的实验台面，揭开上层透明膜，用无菌吸管或移液器取 1 mL 样液缓慢加入纤维垫上，静置 5 s 左右，待样液完全吸收，然后缓缓将透明膜盖回。每个稀释度接种两片，同时做一片空白阴性对照。

三、培养

将测试片透明面朝上水平置于恒温培养箱内，每叠测试片最多放置 30 片，(36 ± 1) ℃培养 24 ~ 30 h，观察结果。

四、结果报告

金黄色葡萄球菌为蓝绿色菌落，计数蓝绿色菌落数。图 5—5—8 所示为生肉的 10^{-3} 稀释液在金黄色葡萄球菌测试片上的原始结果，报告生肉中金黄色葡萄球菌数为 3.6×10^4 CFU/g。

图 5—5—8　生肉在测试片上的原始结果

【考核评价】

考核点	考核标准	配分	得分
检测前的准备	仪器准备齐全，并摆放整齐	15	
	Baird-Parker 琼脂平板配制正确		
	血琼脂平板和 BHI 配制正确		
样品预处理	对包装开口处的周围进行消毒	10	
	样品称取质量准确		
	样品拍打充分		
	无菌操作正确		
增菌	正确设定培养温度和时间	10	
	培养箱内摆放合理		
分离	接种前是否充分摇匀	25	
	接种环灼烧灭菌操作规范、正确		
	分区划线操作正确，且分离出单个菌落		
	平板标注全面、清晰		
	正确判定菌落是否可疑		
	操作过程中双手配合协调		
鉴定	革兰氏染色操作规范	25	
	镜检操作规范		
	接种 BHI 和营养琼脂小斜面操作规范		
	血浆凝固酶实验操作规范		
	血浆凝固酶实验结果判定正确		
报告	根据分离和鉴定情况正确判定结果	15	
	正确报告结果		
合计		100	

【思考与练习】

1．简述金黄色葡萄球菌的生物学特性。

2．简述金黄色葡萄球菌在 Baird-Parker 琼脂平板上的菌落形态和相应的原理。

3．简述血浆凝固酶实验方法和结果判定。

4．简述致病菌检验流程中分离的目的和方法。

5．如何根据检验结果进行报告？

6．实训题：水产品中金黄色葡萄球菌的检测。

提示：水产品中金黄色葡萄球菌的含量一般比较高，分区划线接种时，一区和二区之间接种环需要灼烧灭菌，如使用一次性接种环，需要更换新的接种环。

附录

微生物检测相关标准

1. GB 4789.1—2010 食品安全国家标准 食品微生物学检验 总则
2. GB 4789.2—2010 食品安全国家标准 食品微生物学检验 菌落总数测定
3. GB 4789.3—2010 食品安全国家标准 食品微生物学检验 大肠菌群计数
4. GB 4789.4—2010 食品安全国家标准 食品微生物学检验 沙门氏菌检验
5. GB 4789.5—2012 食品安全国家标准 食品微生物学检验 志贺氏菌检验
6. GB/T 4789.6—2003 食品卫生微生物学检验 致泻大肠埃希氏菌检验
7. GB/T 4789.7—2008 食品卫生微生物学检验 副溶血性弧菌检验
8. GB/T 4789.8—2008 食品卫生微生物学检验 小肠结肠炎耶尔森氏菌检验
9. GB/T 4789.9—2008 食品卫生微生物学检验 空肠弯曲菌检验
10. GB 4789.10—2010 食品安全国家标准 食品微生物学检验 金黄色葡萄球菌检验
11. GB/T 4789.11—2003 食品卫生微生物学检验 溶血性链球菌检验
12. GB/T 4789.12—2003 食品卫生微生物学检验 肉毒梭菌及肉毒毒素检验
13. GB 4789.13—2012 食品安全国家标准 食品微生物学检验 产气荚膜梭菌检验
14. GB/T 4789.14—2003 食品卫生微生物学检验 蜡样芽胞杆菌检验
15. GB 4789.15—2010 食品安全国家标准 食品微生物学检验 霉菌和酵母计数
16. GB/T 4789.16—2003 食品卫生微生物学检验 常见产毒霉菌的鉴定
17. GB/T 4789.17—2003 食品卫生微生物学检验 肉与肉制品检验
18. GB 4789.18—2010 食品安全国家标准 食品微生物学检验 乳与乳制品检验
19. GB/T 4789.19—2003 食品卫生微生物学检验 蛋与蛋制品检验
20. GB/T 4789.20—2003 食品卫生微生物学检验 水产食品检验
21. GB/T 4789.21—2003 食品卫生微生物学检验 冷冻饮品、饮料检验
22. GB/T 4789.22—2003 食品卫生微生物学检验 调味品检验
23. GB/T 4789.23—2003 食品卫生微生物学检验 冷食菜、豆制品检验
24. GB/T 4789.24—2003 食品卫生微生物学检验 糖果、糕点、蜜饯检验
25. GB/T 4789.25—2003 食品卫生微生物学检验 酒类检验
26. GB/T 4789.26—2003 食品卫生微生物学检验 罐头食品商业无菌的检验

27. GB/T 4789.27—2008　食品卫生微生物学检验　鲜乳中抗生素残留检验
28. GB/T 4789.28—2003　食品卫生微生物学检验　染色法、培养基和试剂
29. GB/T 4789.29—2003　食品卫生微生物学检验　椰毒假单胞菌酵米面亚种检验
30. GB 4789.30—2010　食品安全国家标准　食品微生物学检验　单核细胞增生李斯特氏菌检验
31. GB/T 4789.31—2003　食品卫生微生物学检验　沙门氏菌、志贺氏菌和致泻大肠埃希氏菌的肠杆菌科噬体检验方法
32. GB/T 4789.32—2002　食品卫生微生物学检验　大肠菌群的快速检测
33. GB 4789.34—2012　食品安全国家标准　食品微生物学检验　双歧杆菌的鉴定
34. GB 4789.35—2010　食品安全国家标准　食品微生物学检验　乳酸菌检验
35. GB/T 4789.36—2008　食品卫生微生物学检验　大肠埃希氏菌 O157：H7/NM 检验
36. GB 4789.38—2012　食品安全国家标准　食品微生物学检验　大肠埃希氏菌计数
37. GB/T 4789.39—2008　食品卫生微生物学检验　粪大肠菌群计数
38. GB 4789.40—2010　食品安全国家标准　食品微生物学检验　阪崎肠杆菌检验